新版工程量清单计价系列

建筑工程工程量清单计价实例详解

张　琦　主编

机械工业出版社

本书以《建设工程工程量清单计价规范》（GB 50500—2013）《房屋建筑与装饰工程工程量计算规范》（GB 50854—2013）等新规范、新标准为依据编写。内容包括建筑工程清单计价概述、工程量清单计价体系、建筑工程工程量清单计价编制与实例、建筑工程工程量清单计价编制实例。本书在结构体系上重点突出、详略得当，具有很强的针对性和实用性，同时配有相关工程量计算的大量实例，达到理论知识与实际技能相结合，更方便读者对知识的掌握。

本书可供建筑工程造价人员、项目管理人员使用，也可供建筑工程造价专业的师生参考。

图书在版编目（CIP）数据

建筑工程工程量清单计价实例详解/张琦主编 .—北京：机械工业出版社，2015.2

（新版工程量清单计价系列）

ISBN 978-7-111-49247-4

Ⅰ. ①建… Ⅱ. ①张… Ⅲ. ①建筑工程—工程造价 Ⅳ. ①TU723.3

中国版本图书馆 CIP 数据核字（2015）第 019905 号

机械工业出版社（北京市百万庄大街 22 号 邮政编码 100037）
策划编辑：闫云霞 责任编辑：闫云霞
版式设计：赵颖喆 责任校对：丁丽丽
封面设计：马精明 责任印制：李 洋
三河市国英印务有限公司印刷
2015 年 4 月第 1 版第 1 次印刷
184mm × 260mm · 14 印张 · 339 千字
标准书号：ISBN 978-7-111-49247-4
定价：42.00 元

编　委　会

前　言

随着与国际市场的接轨，我国的工程造价管理模式也在不断演进，建设工程造价的计价方式也已经历了三次重大的变革，从原来的定额计价方式转变为 2003 清单计价，又转换为 2008 清单计价。最近发布的《建设工程工程量清单计价规范》（GB 50500—2013）以及《房屋建筑与装饰工程工程量计算规范》（GB 50854—2013）等 9 本新工程量计算规范，是工程造价即将要面临的第四次革新。面对新的变化，造价工作者必须不断地学习，提高自己的业务水平。本套丛书正是为广大造价工作者提高工作能力进行编写的。

本书共分为四章，内容包括：建筑工程清单计价概述、工程量清单计价体系、建筑工程工程量清单计价编制与实例、建筑工程工程量清单计价编制实例等。主要涉及建筑工程的造价部分，在内容安排上采用最常见的章节体例形式，以新规范为指导，既有工程量清单计价的基本知识，又结合了工程实践，配有大量实例，达到理论知识与实际技能相结合，更方便读者对知识的掌握，更好地帮助读者解决在工作中遇到的疑难问题。

本书可供建筑工程造价人员、项目管理人员使用，也可供建筑工程造价专业的师生参考。

由于编者的经验和学识有限，尽管尽心尽力，疏漏或不妥之处在所难免，恳请有关专家和读者提出宝贵意见。

编　者

目　录

第1章　建筑工程清单计价概述

1.1　工程量清单计价概念

1.1.1　工程量的概念

工程量即工程的实物数量，是以物理计量单位或自然计量单位所表示的各个分项或子项工程和构配件的数量。物理计量单位是指以法定计量单位表示的长度、面积、体积、质量等。如建筑物的建筑面积、屋面面积（m^2），基础砌筑、墙体砌筑的体积（m^3），钢屋架、钢支撑、钢平台制作安装的质量（t）等。自然计量单位是指以物体的自然组成形态表示的计量单位，如通风机、空调器安装以"台"为单位，风口及百叶窗安装以"个"为单位，消火栓安装以"套"为单位，大便器安装以"组"为单位，散热器安装以"片"为单位。

1.1.2　工程量清单的概念

工程量清单是指用以表现拟建建筑安装工程项目的分部分项工程项目、措施项目、其他项目、规费项目、税金项目名称以及相应数量的明细标准表格。工程量清单体现的核心内容为分项工程项目名称及其相应数量，是招标文件的组成部分。《建设工程工程量清单计价规范》（GB 50500—2013）强制规定"招标工程量清单必须作为招标文件的组成部分，其准确性和完整性由招标人负责"。工程量清单是由招标人或由其委托的具有相应资质的代理机构按照招标要求，依据《建设工程工程量清单计价规范》（GB 50500—2013）中规定的统一项目编码、项目名称、计量单位以及工程量计算规则进行编制，作为编制招标控制价、投标报价、计算工程量、支付工程款、调整合同价款、办理竣工结算以及工程索赔等的依据之一。

1.1.3　工程量清单计价的概念

工程量清单计价是指由投标人按照招标人提供的工程量清单，逐一填报单价，并计算出建设项目所需的全部费用，主要包括分部分项工程费、措施项目费、其他项目费、规费和税金等。工程量清单计价应采用"综合单价"计价。综合单价是指完成规定计量单位分项工程所需的人工费、材料费、施工机械使用费、管理费、利润，并考虑了风险因素的一种单价。

1.2　建筑安装工程费用构成与计算

根据中华人民共和国住房和城乡建设部、财政部颁布的建标［2013］44号文件《建筑安装工程费用项目组成》规定，建筑安装工程费用项目按费用构成要素组成划分为人工费、材料费、施工机具使用费、企业管理费、利润、规费和税金。为指导工程造价专业人员计算建筑安装工程造价，将建筑安装工程费用按工程造价形成顺序划分为分部分项工程费、措施项目费、其他项目费、规费和税金。

1.2.1 建筑安装工程造价构成

1. 按费用构成要素划分建筑安装工程费用项目

建筑安装工程费按照费用构成要素划分：由人工费、材料（包含工程设备，下同）费、施工机具使用费、企业管理费、利润、规费和税金组成。其中人工费、材料费、施工机具使用费企业管理费和利润包含在分部分项工程费、措施项目费、其他项目费中，如图1-1所示。

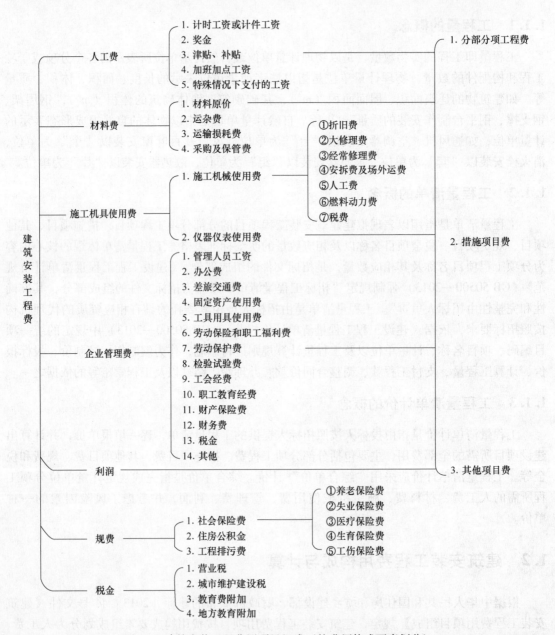

图1-1 建筑安装工程费用项目组成（按费用构成要素划分）

（1）人工费 人工费是指按工资总额构成规定，支付给从事建筑安装工程施工的生产工人和附属生产单位工人的各项费用。内容包括：

1）计时工资或计件工资。计时工资或计件工资是指按计时工资标准和工作时间或对已做工作按计件单价支付给个人的劳动报酬。

2）奖金。奖金是指对超额劳动和增收节支支付给个人的劳动报酬。如节约奖、劳动竞赛奖等。

3）津贴补贴。津贴补贴是指为了补偿职工特殊或额外的劳动消耗和因其他特殊原因支付给个人的津贴，以及为了保证职工工资水平不受物价影响支付给个人的物价补贴。如流动施工津贴、特殊地区施工津贴、高温（寒）作业临时津贴、高空津贴等。

4）加班加点工资。加班加点工资是指按规定支付的在法定节假日工作的加班工资和在法定日工作时间外延时工作的加点工资。

5）特殊情况下支付的工资。特殊情况下支付的工资是指根据国家法律、法规和政策规定，因病、工伤、产假、计划生育假、婚丧假、事假、探亲假、定期休假、停工学习、执行国家或社会义务等原因按计时工资标准或计时工资标准的一定比例支付的工资。

（2）材料费 材料费是指施工过程中耗费的原材料、辅助材料、构配件、零件、半成品或成品、工程设备的费用。其内容主要包括：

1）材料原价。材料原价是指材料、工程设备的出厂价格或商家供应价格。

2）运杂费。运杂费是指材料、工程设备自来源地运至工地仓库或指定堆放地点所发生的全部费用。

3）运输损耗费。运输损耗费是指材料在运输装卸过程中不可避免的损耗。

4）采购及保管费。采购及保管费是指为组织采购、供应和保管材料、工程设备的过程中所需要的各项费用。包括采购费、仓储费、工地保管费、仓储损耗。

工程设备是指构成或计划构成永久工程一部分的机电设备、金属结构设备、仪器装置及其他类似的设备和装置。

（3）施工机具使用费 施工机具使用费是指施工作业所发生的施工机械、仪器仪表使用费或其租赁费。

1）施工机械使用费。以施工机械台班耗用量乘以施工机械台班单价表示，施工机械台班单价应由下列七项费用组成：

① 折旧费：是指施工机械在规定的使用年限内，陆续收回其原值的费用。

② 大修理费：是指施工机械按规定的大修理间隔台班进行必要的大修理，以恢复其正常功能所需的费用。

③ 经常修理费：是指施工机械除大修理以外的各级保养和临时故障排除所需的费用。包括为保障机械正常运转所需替换设备与随机配备工具附具的摊销和维护费用，机械运转中日常保养所需润滑与擦拭的材料费用及机械停滞期间的维护和保养费用等。

④ 安拆费及场外运费：安拆费是指施工机械（大型机械除外）在现场进行安装与拆卸所需的人工、材料、机械和试运转费用以及机械辅助设施的折旧、搭设、拆除等费用；场外运费是指施工机械整体或分体自停放地点运至施工现场或由一施工地点运至另一施工地点的运输、装卸、辅助材料及架线等费用。

⑤ 人工费：是指机上司机（司炉）和其他操作人员的人工费。

⑥ 燃料动力费：是指施工机械在运转作业中所消耗的各种燃料及水、电等。

⑦ 税费：是指施工机械按照国家规定应缴纳的车船使用税、保险费及年检费等。

2）仪器仪表使用费。仪器仪表使用费是指工程施工所需使用的仪器仪表的摊销及维修费用。

（4）企业管理费　企业管理费是指建筑安装企业组织施工生产和经营管理所需的费用。其内容主要包括：

1）管理人员工资。管理人员工资是指按规定支付给管理人员的计时工资、奖金、津贴、补贴、加班加点工资及特殊情况下支付的工资等。

2）办公费。办公费是指企业管理办公用的文具、纸张、账表、印刷、邮电、书报、办公软件、现场监控、会议、水电、烧水和集体取暖、降温（包括现场临时宿舍取暖、降温）等费用。

3）差旅交通费。差旅交通费是指职工因公出差、调动工作的差旅费、住勤补助费，市内交通费和误餐补助费，职工探亲路费，劳动力招募费，职工退休、退职一次性路费，工伤人员就医路费，工地转移费以及管理部门使用的交通工具的油料、燃料等费用。

4）固定资产使用费。固定资产使用费是指管理和试验部门及附属生产单位使用的属于固定资产的房屋、设备、仪器等的折旧、大修、维修或租赁费。

5）工具用具使用费。工具用具使用费是指企业施工生产和管理使用的不属于固定资产的工具、器具、家具、交通工具和检验、试验、测绘、消防用具等的购置、维修和摊销费。

6）劳动保险和职工福利费。劳动保险和职工福利费是指由企业支付的职工退职金、按规定支付给离休干部的经费，集体福利费、夏季防暑降温、冬季取暖补贴、上下班交通补贴等。

7）劳动保护费。劳动保护费是企业按规定发放的劳动保护用品的支出。如工作服、手套、防暑降温饮料以及在有碍身体健康的环境中施工的保健费用等。

8）检验试验费。检验试验费是指施工企业按照有关标准规定，对建筑以及材料、构件和建筑安装物进行一般鉴定、检查所发生的费用，包括自设试验室进行试验所耗用的材料等费用。不包括新结构、新材料的试验费，对构件做破坏性试验及其他特殊要求检验试验的费用和建设单位委托检测机构进行检测的费用，对此类检测发生的费用，由建设单位在工程建设其他费用中列支。但对施工企业提供的具有合格证明的材料进行检测不合格的，该检测费用由施工企业支付。

9）工会经费。工会经费是指企业按《工会法》规定的全部职工工资总额比例计提的工会经费。

10）职工教育经费。职工教育经费是指按职工工资总额的规定比例计提，企业为职工进行专业技术和职业技能培训，专业技术人员继续教育、职工职业技能鉴定、职业资格认定以及根据需要对职工进行各类文化教育所发生的费用。

11）财产保险费。财产保险费是指施工管理用财产、车辆等的保险费用。

12）财务费。财务费是指企业为施工生产筹集资金或提供预付款担保、履约担保、职工工资支付担保等所发生的各种费用。

13）税金。税金是指企业按规定缴纳的房产税、车船使用税、土地使用税、印花税等。

14）其他。其他主要包括技术转让费、技术开发费、投标费、业务招待费、绿化费、广告费、公证费、法律顾问费、审计费、咨询费、保险费等。

（5）利润　利润是指施工企业完成所承包工程获得的盈利。

（6）规费　规费是指按国家法律、法规规定，由省级政府和省级有关权力部门规定必须缴纳或计取的费用。其主要包括：

1）社会保险费。

① 养老保险费：养老保险费是指企业按照规定标准为职工缴纳的基本养老保险费。

② 失业保险费：失业保险费是指企业按照规定标准为职工缴纳的失业保险费。

③ 医疗保险费：医疗保险费是指企业按照规定标准为职工缴纳的基本医疗保险费。

④ 生育保险费：生育保险费是指企业按照规定标准为职工缴纳的生育保险费。

⑤ 工伤保险费：工伤保险费是指企业按照规定标准为职工缴纳的工伤保险费。

2）住房公积金。住房公积金是指企业按规定标准为职工缴纳的住房公积金。

3）工程排污费。工程排污费是指按规定缴纳的施工现场工程排污费。

其他应列而未列入的规费，按实际发生计取。

（7）税金　税金是指国家税法规定的应计入建筑安装工程造价内的营业税、城市维护建设税、教育费附加以及地方教育附加。

2. 按造价形式划分建筑安装工程费用项目

建筑安装工程费按照工程造价形式由分部分项工程费、措施项目费、其他项目费、规费、税金组成，分部分项工程费、措施项目费、其他项目费包含人工费、材料费、施工机具使用费、企业管理费和利润，如图1-2所示。

（1）分部分项工程费　分部分项工程费是指各专业工程的分部分项工程应予列支的各项费用。

1）专业工程。专业工程是指按现行国家计量规范划分的房屋建筑与装饰工程、仿古建筑工程、通用安装工程、市政工程、园林绿化工程、矿山工程、构筑物工程、城市轨道交通工程、爆破工程等各类工程。

2）分部分项工程。分部分项工程是指按现行国家计量规范对各专业工程划分的项目。如房屋建筑与装饰工程划分的土石方工程、地基处理与桩基工程、砌筑工程、钢筋及钢筋混凝土工程等。

各类专业工程的分部分项工程划分见现行国家或行业计量规范。

（2）措施项目费　措施项目费是指为完成建设工程施工，发生于该工程施工前和施工过程中的技术、生活、安全、环境保护等方面的费用。其内容包括：

1）安全文明施工费。

① 环境保护费：环境保护费是指施工现场为达到环保部门要求所需要的各项费用。

② 文明施工费：文明施工费是指施工现场文明施工所需要的各项费用。

③ 安全施工费：安全施工费是指施工现场安全施工所需要的各项费用。

④ 临时设施费：临时设施费是指施工企业为进行建设工程施工所必须搭设的生活和生产用的临时建筑物、构筑物和其他临时设施费用。包括临时设施的搭设、维修、拆除、清理费或摊销费等。

2）夜间施工增加费。夜间施工增加费是指因夜间施工所发生的夜班补助费、夜间施工降效、夜间施工照明设备摊销及照明用电等费用。

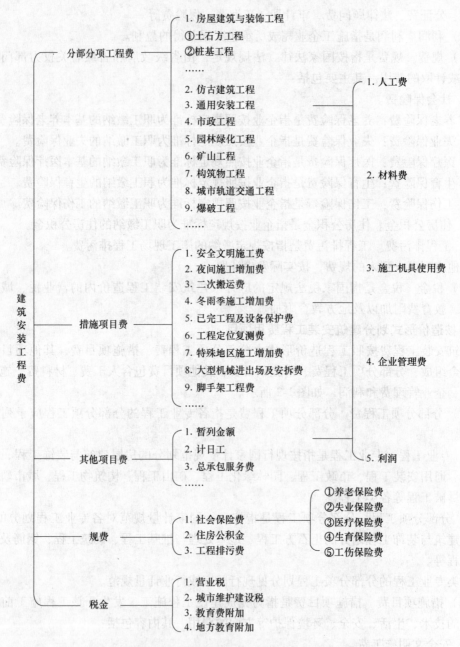

图 1-2 建筑安装工程费用项目组成（按造价形式划分）

3）二次搬运费。二次搬运费是指因施工场地条件限制而发生的材料、构配件、半成品等一次运输不能到达堆放地点，必须进行二次或多次搬运所发生的费用。

4）冬雨季施工增加费。冬雨季施工增加费是指在冬季或雨季施工需增加的临时设施、防滑、排除雨雪，人工及施工机械效率降低等费用。

5）已完工程及设备保护费。已完工程及设备保护费是指竣工验收前，对已完工程及设备采取的必要保护措施所发生的费用。

6）工程定位复测费。工程定位复测费是指工程施工过程中进行全部施工测量放线和复测工作的费用。

7）特殊地区施工增加费。特殊地区施工增加费是指工程在沙漠或其边缘地区、高海拔、高寒、原始森林等特殊地区施工增加的费用。

8）大型机械设备进出场及安拆费。大型机械设备进出场及安拆费是指机械整体或分体自停放场地运至施工现场或由一个施工地点运至另一个施工地点，所发生的机械进出场运输及转移费用及机械在施工现场进行安装、拆卸所需的人工费、材料费、机械费、试运转费和安装所需的辅助设施的费用。

9）脚手架工程费。脚手架工程费是指施工需要的各种脚手架搭、拆、运输费用以及脚手架购置费的摊销（或租赁）费用。

措施项目费及其包含的内容详见各类专业工程的现行国家或行业计量规范。

（3）其他项目费

1）暂列金额。暂列金额是指建设单位在工程量清单中暂定并包括在工程合同价款中的一笔款项。用于施工合同签订时尚未确定或者不可预见的所需材料、工程设备、服务的采购，施工中可能发生的工程变更、合同约定调整因素出现时的工程价款调整以及发生的索赔、现场签证确认等的费用。

2）计日工。计日工是指在施工过程中，施工企业完成建设单位提出的施工图样以外的零星项目或工作所需的费用。

3）总承包服务费。总承包服务费是指总承包人为配合、协调建设单位进行的专业工程发包，对建设单位自行采购的材料、工程设备等进行保管以及施工现场管理、竣工资料汇总整理等服务所需的费用。

（4）规费　规费定义同 1.2.1 中第 1 条的（6）。

（5）税金　税金定义同 1.2.1 中第 1 条的（7）。

1.2.2　建筑安装工程费用参考计算方法

1. 各费用构成要素参考计算方法

（1）人工费

公式一：

$$人工费 = \sum（工日消耗量 \times 日工资单价） \tag{1-1}$$

$$日工资单价 = \frac{生产工人平均月工资（计时计件）+ 平均月（奖金 + 津贴补贴 + 特殊情况下支付的工资）}{年平均每月法定工作日} \tag{1-2}$$

注：式（1-1）主要适用于施工企业投标报价时自主确定人工费，也是工程造价管理机构编制计价定额确定定额人工单价或发布人工成本信息的参考依据。

公式二：

$$人工费 = \sum（工程工日消耗量 \times 日工资单价） \tag{1-3}$$

日工资单价是指施工企业平均技术熟练程度的生产工人在每工作日（国家法定工作时间内）按规定从事施工作业应得的日工资总额。

工程造价管理机构确定日工资单价应通过市场调查、根据工程项目的技术要求，参考实物工程量人工单价综合分析确定，最低日工资单价不得低于工程所在地人力资源和社会保障部门所发布的最低工资标准的：普工 1.3 倍、一般技工 2 倍、高级技工 3 倍。

工程计价定额不可只列一个综合工日单价，应根据工程项目技术要求和工种差别适当划分多种日人工单价，确保各分部工程人工费的合理构成。

> 注：式（1-3）适用于工程造价管理机构编制计价定额时确定定额人工费，是施工企业投标报价的参考依据。

（2）材料费

1）材料费：

$$材料费 = \sum （材料消耗量 \times 材料单价） \tag{1-4}$$

$$材料单价 = \{（材料原价 + 运杂费）\times [1 + 运输损耗率(\%)]\} \times [1 + 采购保管费率(\%)] \tag{1-5}$$

2）工程设备费：

$$工程设备费 = \sum （工程设备量 \times 工程设备单价） \tag{1-6}$$

$$工程设备单价 = （设备原价 + 运杂费）\times [1 + 采购保管费率(\%)] \tag{1-7}$$

（3）施工机具使用费

1）施工机械使用费：

$$施工机械使用费 = \sum （施工机械台班消耗量 \times 机械台班单价） \tag{1-8}$$

$$机械台班单价 = 台班折旧费 + 台班大修费 + 台班经常修理费 + 台班安拆费及场外$$
$$运费 + 台班人工费 + 台班燃料动力费 + 台班车船税费 \tag{1-9}$$

> 注：工程造价管理机构在确定计价定额中的施工机械使用费时，应根据《建筑施工机械台班费用计算规则》结合市场调查编制施工机械台班单价。施工企业可以参考工程造价管理机构发布的台班单价，自主确定施工机械使用费的报价，如租赁施工机械，公式为：施工机械使用费 $= \sum （$施工机械台班消耗量 $\times$ 机械台班租赁单价）

2）仪器仪表使用费：

$$仪器仪表使用费 = 工程使用的仪器仪表摊销费 + 维修费 \tag{1-10}$$

（4）企业管理费费率

1）以分部分项工程费为计算基础：

$$企业管理费费率(\%) = \frac{生产工人年平均管理费}{年有效施工天数 \times 人工单价} \times 人工费占分部分项目工程费比例(\%) \tag{1-11}$$

2）以人工费和机械费合计为计算基础：

$$企业管理费费率(\%) = \frac{生产工人年平均管理费}{年有效施工天数 \times （人工单价 + 每一工日机械使用费）} \times 100\% \tag{1-12}$$

3）以人工费为计算基础：

$$企业管理费费率(\%) = \frac{生产工人年平均管理费}{年有效施工天数 \times 人工单价} \times 100\% \tag{1-13}$$

> 注：上述公式适用于施工企业投标报价时自主确定管理费，是工程造价管理机构编制计价定额确定企业管理费的参考依据。

工程造价管理机构在确定计价定额中企业管理费时，应以定额人工费或定额人工费 + 定额机械费作为计算基数，其费率根据历年工程造价积累的资料，辅以调查数据确定，列入分部分项工程和措施项目中。

（5）利润

1）施工企业根据企业自身需求并结合建筑市场实际自主确定，列入报价中。

2）工程造价管理机构在确定计价定额中的利润时，应以定额人工费或定额人工费＋定额机械费作为计算基数，其费率根据历年工程造价积累的资料，并结合建筑市场实际确定，以单位（单项）工程测算，利润在税前建筑安装工程费的比重可按不低于 5% 且不高于 7% 的费率计算。利润应列入分部分项工程和措施项目中。

（6）规费

1）社会保险费和住房公积金：社会保险费和住房公积金应以定额人工费为计算基础，根据工程所在地省、自治区、直辖市或行业建设主管部门规定费率计算。

$$社会保险费和住房公积金 = \sum（工程定额人工费 \times 社会保险费和住房公积金费率）$$

$$(1\text{-}14)$$

式中：社会保险费和住房公积金费率可以每万元发承包价的生产工人人工费和管理人员工资含量与工程所在地规定的缴纳标准综合分析取定。

2）工程排污费：工程排污费等其他应列而未列入的规费应按工程所在地环境保护等部门规定的标准缴纳，按实计取列入。

（7）税金

1）税金计算公式：

$$税金 = 税前造价 \times 综合税率(\%)\qquad(1\text{-}15)$$

2）综合税率：

① 纳税地点在市区的企业：

$$综合税率(\%) = \frac{1}{1 - 3\% - (3\% \times 7\%) - (3\% \times 3\%) - (3\% \times 2\%)} - 1 \qquad(1\text{-}16)$$

② 纳税地点在县城、镇的企业：

$$综合税率(\%) = \frac{1}{1 - 3\% - (3\% \times 5\%) - (3\% \times 3\%) - (3\% \times 2\%)} - 1 \qquad(1\text{-}17)$$

③ 纳税地点不在市区、县城、镇的企业：

$$综合税率(\%) = \frac{1}{1 - 3\% - (3\% \times 1\%) - (3\% \times 3\%) - (3\% \times 2\%)} - 1 \qquad(1\text{-}18)$$

④ 实行营业税改增值税的，按纳税地点现行税率计算。

2. 建筑安装工程计价

（1）分部分项工程费

$$分部分项工程费 = \sum（分部分项工程量 \times 综合单价）\qquad(1\text{-}19)$$

式中：综合单价包括人工费、材料费、施工机具使用费、企业管理费和利润以及一定范围的风险费用（下同）。

（2）措施项目费

1）国家计量规范规定应予计量的措施项目，其计算公式为：

$$措施项目费 = \sum（措施项目工程量 \times 综合单价）\qquad(1\text{-}20)$$

2）国家计量规范规定不宜计量的措施项目计算方法如下：

① 安全文明施工费：

$$安全文明施工费 = 计算基数 \times 安全文明施工费费率(\%) \tag{1-21}$$

计算基数应为定额基价（定额分部分项工程费 + 定额中可以计量的措施项目费）、定额人工费或（定额人工费 + 定额机械费），其费率由工程造价管理机构根据各专业工程的特点综合确定。

② 夜间施工增加费：

$$夜间施工增加费 = 计算基数 \times 夜间施工增加费费率(\%) \tag{1-22}$$

③ 二次搬运费：

$$二次搬运费 = 计算基数 \times 二次搬运费费率(\%) \tag{1-23}$$

④ 冬雨季施工增加费：

$$冬雨季施工增加费 = 计算基数 \times 冬雨季施工增加费费率(\%) \tag{1-24}$$

⑤ 已完工程及设备保护费：

$$已完工程及设备保护费 = 计算基数 \times 已完工程及设备保护费费率(\%) \tag{1-25}$$

上述②～⑤项措施项目的计费基数应为定额人工费或定额人工费 + 定额机械费，其费率由工程造价管理机构根据各专业工程特点和调查资料综合分析后确定。

（3）其他项目费

1）暂列金额由建设单位根据工程特点，按有关计价规定估算，施工过程中由建设单位掌握使用、扣除合同价款调整后如有余额，归建设单位。

2）计日工由建设单位和施工企业按施工过程中的签证计价。

3）总承包服务费由建设单位在招标控制价中根据总包服务范围和有关计价规定编制，施工企业投标时自主报价，施工过程中按签约合同价执行。

（4）规费和税金　建设单位和施工企业均应按照省、自治区、直辖市或行业建设主管部门发布标准计算规费和税金，不得作为竞争性费用。

3. 相关问题的说明

1）各专业工程计价定额的编制及其计价程序，均按上述计算方法实施。

2）各专业工程计价定额的使用周期原则上为 5 年。

3）工程造价管理机构在定额使用周期内，应及时发布人工、材料、机械台班价格信息，实行工程造价动态管理，如遇国家法律、法规、规章或相关政策变化以及建筑市场物价波动较大时，应适时调整定额人工费、定额机械费以及定额基价或规费费率，使建筑安装工程费能反映建筑市场实际。

4）建设单位在编制招标控制价时，应按照各专业工程的计量规范和计价定额以及工程造价信息编制。

5）施工企业在使用计价定额时除不可竞争费用外，其余仅作参考，由施工企业投标时自主报价。

1.2.3　建筑安装工程计价程序

建设单位工程招标控制价计价程序见表 1-1。

施工企业工程投标报价计价程序见表 1-2。

表1-1　建设单位工程招标控制价计价程序

工程名称：　　　　　　　　　　　　　　　标段：

序　号	内　　容	计　算　方　法	金额/元
1	分部分项工程费	按计价规定计算	
1.1			
1.2			
1.3			
1.4			
1.5			
2	措施项目费	按计价规定计算	
2.1	其中：安全文明施工费	按规定标准计算	
3	其他项目费		
3.1	其中：暂列金额	按计价规定估算	
3.2	其中：专业工程暂估价	按计价规定估算	
3.3	其中：计日工	按计价规定估算	
3.4	其中：总承包服务费	按计价规定估算	
4	规费	按规定标准计算	
5	税金（扣除不列入计税范围的工程设备金额）	(1+2+3+4)×规定税率	
招标控制价合计 = 1+2+3+4+5			

表1-2　施工企业工程投标报价计价程序

工程名称：　　　　　　　　　　　　　　　标段：

序　号	内　　容	计　算　方　法	金额/元
1	分部分项工程费	自主报价	
1.1			
1.2			
1.3			
1.4			
1.5			
2	措施项目费	自主报价	
2.1	其中：安全文明施工费	按规定标准计算	
3	其他项目费		
3.1	其中：暂列金额	按招标文件提供金额计列	
3.2	其中：专业工程暂估价	按招标文件提供金额计列	
3.3	其中：计日工	自主报价	
3.4	其中：总承包服务费	自主报价	
4	规费	按规定标准计算	
5	税金（扣除不列入计税范围的工程设备金额）	(1+2+3+4)×规定税率	
投标报价合计 = 1+2+3+4+5			

竣工结算计价程序见表1-3。

表1-3　竣工结算计价程序

工程名称：　　　　　　　　　　　　　　　　　　标段：

序　号	内　　容	计 算 方 法	金额/元
1	分部分项工程费	按合同约定计算	
1.1			
1.2			
1.3			
1.4			
1.5			
2	措施项目	按合同约定计算	
2.1	其中：安全文明施工费	按规定标准计算	
3	其他项目		
3.1	其中：专业工程结算价	按合同约定计算	
3.2	其中：计日工	按计日工签证计算	
3.3	其中：总承包服务费	按合同约定计算	
3.4	索赔与现场签证	按发承包双方确认数额计算	
4	规费	按规定标准计算	
5	税金（扣除不列入计税范围的工程设备金额）	(1+2+3+4)×规定税率	
竣工结算总价合计=1+2+3+4+5			

1.3　工程量清单计价表格及其填制要求

1.3.1　工程量清单计价格式及填制说明

1. 封面

（1）招标工程量清单封面（表1-4）。

填制说明：封面应填写招标工程项目的具体名称，招标人应盖单位公章，如委托工程造价咨询人编制，还应由其加盖相同单位公章。

（2）招标控制价封面（表1-5）。

填制说明：封面应填写招标工程项目的具体名称，招标人应盖单位公章，如委托工程造价咨询人编制，还应由其加盖相同单位公章。

（3）投标总价封面（表1-6）。

填制说明：应填写投标工程的具体名称，投标人应盖单位公章。

（4）竣工结算书封面（表1-7）。

填制说明：应填写竣工工程的具体名称，发、承包双方应盖其单位公章，如委托工程造价咨询人办理的，还应加盖其单位公章。

表 1-4　招标工程量清单封面

_____工程

招标工程量清单

招　标　人：_____

（单位盖章）

造价咨询人：_____

（单位盖章）

年　　月　　日

表 1-5　招标控制价封面

_____工程

招标控制价

招　标　人：_____

（单位盖章）

造价咨询人：_____

（单位盖章）

年　　月　　日

表1-6　投标总价封面

_____工程

投 标 总 价

投 标 人：_____
（单位盖章）

年　　月　　日

表1-7　竣工结算书封面

_____工程

竣工结算书

发 包 人：_____
（单位盖章）

承 包 人：_____
（单位盖章）

造价咨询人：_____
（单位盖章）

年　　月　　日

（5）工程造价鉴定意见书封面（表1-8）。

填制说明：应填写鉴定工程项目的具体名称，填写意见书文号，工程造价咨询人盖单位公章。

2. 扉页

（1）招标工程量清单扉页（表1-9）。

填制说明：

1）招标人自行编制工程量清单时，由招标人单位注册的造价人员编制，招标人盖单位公章，法定代表人或其授权人签字或盖章。编制人是造价工程师的，由其签字盖执业专用章；编制人是造价员的，在编制人栏签字盖专用章，应由造价工程师复核，并在复核人栏签字盖执业专用章。

2）招标人委托工程造价咨询人编制工程量清单时，由工程造价咨询人单位注册的造价人员编制，工程造价咨询人盖单位资质专用章，法定代表人或其授权人签字或盖章。编制人是造价工程师的，由其签字盖执业专用章；编制人是造价员的，在编制人栏签字盖专用章，应由造价工程师复核，并在复核人栏签字盖执业专用章。

表 1-8　工程造价鉴定意见书封面

<table>
<tr><td>

　　　　　　　　　　　　　　　　　　工程

编号：×××［20××］××号

工程造价鉴定意见书

造价咨询人：＿＿＿＿＿＿＿＿＿＿＿＿＿

（单位盖章）

年　　月　　日

</td></tr>
</table>

表 1-9　招标工程量清单扉页

<table>
<tr><td colspan="2">

　　　　　　　　　　　　　　　　　　工程

招标工程量清单

</td></tr>
<tr>
<td>招　标　人：＿＿＿＿＿＿＿＿＿
　　　　　（单位盖章）</td>
<td>造价咨询人：＿＿＿＿＿＿＿＿＿
　　　　　　（单位资质专用章）</td>
</tr>
<tr>
<td>法定代表人
或其授权人：＿＿＿＿＿＿＿＿＿
　　　　　（签字或盖章）</td>
<td>法定代表人
或其授权人：＿＿＿＿＿＿＿＿＿
　　　　　　（签字或盖章）</td>
</tr>
<tr>
<td>编　制　人：＿＿＿＿＿＿＿＿＿
　　　　（造价人员签字盖专用章）</td>
<td>复　核　人：＿＿＿＿＿＿＿＿＿
　　　　　（造价工程师签字盖专用章）</td>
</tr>
<tr>
<td>编制时间：　年　月　日</td>
<td>复核时间：　年　月　日</td>
</tr>
</table>

（2）招标控制价扉页（表1-10）。

填制说明：

1）招标人自行编制招标控制价时，由招标人单位注册的造价人员编制，招标人盖单位公章，法定代表人或其授权人签字或盖章。编制人是造价工程师的，由其签字盖执业专用章；编制人是造价员的，由其在编制人栏签字盖专用章，应由造价工程师复核，并在复核人栏签字盖执业专用章。

2）招标人委托工程造价咨询人编制招标控制价时，由工程造价咨询人单位注册的造价人员编制，工程造价咨询人盖单位资质专用章，法定代表人或其授权人签字或盖章。编制人是造价工程师的，由其签字盖执业专用章；编制人是造价员的，在编制人栏签字盖专用章，应由造价工程师复核。并在复核人栏签字盖执业专用章。

表 1-10　招标控制价扉页

_____工程

招标控制价

招标控制价(小写)：_____
　　　　　　(大写)：_____

招　标　人：_____　　　　造价咨询人：_____
　　　　　(单位盖章)　　　　　　　　　　　　　　　　　　(单位资质专用章)

法定代表人　　　　　　　　　　　　　　　　　法定代表人
或其授权人：_____　　　　或其授权人：_____
　　　　　(签字或盖章)　　　　　　　　　　　　　　　　　　(签字或盖章)

编　制　人：_____　　　　复　核　人：_____
　　　(造价人员签字盖专用章)　　　　　　　　　　　(造价工程师签字盖专用章)

编制时间：　年　月　日　　　　　　　　　　　复核时间：　年　月　日

（3）投标总价扉页（表 1-11）。

填制说明：投标人编制投标报价时，由投标人单位注册的造价人员编制，投标人盖单位公章，法定代表人或其授权人签字或盖章，编制的造价人员（造价工程师或造价员）签字盖执业专用章。

表 1-11　投标总价扉页

投 标 总 价

招　标　人：_____
工　程　名　称：_____
投标总价（小写）：_____
　　　　　（大写）：_____

投　标　人：_____
　　　　　（单位盖章）

法定代表人
或其授权人：_____
　　　　　（签字或盖章）

编　制　人：_____
　　　　（造价人员签字盖专用章）

编制时间：　年　月　日

（4）竣工结算总价扉页（表1-12）。

填制说明：

1）承包人自行编制竣工结算总价，由承包人单位注册的造价人员编制，承包人盖单位公章，法定代表人或其授权人签字或盖章，编制的造价人员（造价工程师或造价员）在编制人栏签字盖执业专用章。

发包人自行核对竣工结算时，由发包人单位注册的造价工程师核对，发包人盖单位公章，法定代表人或其授权人签字或盖章，造价工程师在核对人栏签字盖执业专用章。

2）发包人委托工程造价咨询人核对竣工结算时，由工程造价咨询人单位注册的造价工程师核对，发包人盖单位公章，法定代表人或其授权人签字或盖章；工程造价咨询人盖单位资质专用章，法定代表人或其授权人签字或盖章，造价工程师在核对人栏签字盖执业专用章。

除非出现发包人拒绝或不答复承包人竣工结算书的特殊情况，竣工结算办理完毕后，竣工结算总价封面发、承包双方的签字、盖章应当齐全。

表1-12　竣工结算总价扉页

_____工程

竣工结算总价

签约合同价（小写）：_____　　（大写）：_____

竣工结算价（小写）：_____　　（大写）：_____

发　包　人：_____　　承　包　人：_____　　造价咨询人：_____
　　　（单位盖章）　　　　　　　（单位盖章）　　　　　　　（单位资质专用章）

法定代表人　　　　　　　法定代表人　　　　　　　法定代表人
或其授权人：_____　或其授权人：_____　或其授权人：_____
　　　（签字或盖章）　　　　　（签字或盖章）　　　　　　（签字或盖章）

编　制　人：_____　　　　　　　核　对　人：_____
　　（造价人员签字盖专用章）　　　　　　　　（造价工程师签字盖专用章）

编制时间：　年　月　日　　　　　　　核对时间：　年　月　日

（5）工程造价鉴定意见书扉页（表1-13）。

填制说明：工程造价咨询人应盖单位资质专用章，法定代表人或其授权人签字或盖章，造价工程师签字盖执业专用章。

表 1-13　工程造价鉴定意见书扉页

_____工程

工程造价鉴定意见书

鉴定结论：

造价咨询人：_____

（盖单位章及资质专用章）

法定代表人：_____

（签 字 或 盖 章）

造价工程师：_____

（签字盖专用章）

年　　月　　日

3. 总说明

总说明见表 1-14。

填制说明：

（1）工程量清单总说明的内容应包括：工程概况，如建设地址、建设规模、工程特征、交通状况、环保要求等；工程发包、分包范围；工程量清单编制依据，如采用的标准、施工图样、标准图集等；使用材料设备、施工的特殊要求等；其他需要说明的问题。

（2）招标控制价总说明的内容应包括：采用的计价依据；采用的施工组织设计；采用的材料价格来源；综合单价中风险因素、风险范围（幅度）；其他。

（3）投标报价总说明的内容应包括：采用的计价依据；采用的施工组织设计；综合单价中风险因素、风险范围（幅度）；措施项目的依据；其他有关内容的说明等。

（4）竣工结算总说明的内容应包括：工程概况；编制依据；工程变更；工程价款调整；索赔；其他等。

表 1-14　总说明

工程名称：　　　　　　　　　　　　　　　　　　　　　第　页　共　页

4. 工程计价汇总表

（1）招标控制价/投标报价汇总表见表 1-15、表 1-16、表 1-17。

填制说明：

1）由于编制招标控制价和投标控制价包含的内容相同，只是对价格的处理不同，因此，对招标控制价和投标报价汇总表的设计使用同一表格。实践中，招标控制价或投标报价可分别印制该表格。

2）投标报价汇总表与招标控制价的表要一致。此处需要说明的是，投标报价汇总表与投标函中投标报价金额应当一致。就投标文件的各个组成部分而言，投标函是最重要的文件，其他组成部分都是投标函的支持性文件，投标函是必须经过投标人签字盖章，并且在开标会上必须当众宣读的文件。如果投标报价汇总表的投标总价与投标函填报的投标总价不一致，应当以投标函中填写的大写金额为准。实践中，对该原则一直缺少一个明确的依据，为了避免出现争议，可以在"投标人须知"中给予明确，用在招标文件中预先给予明示约定的方式来弥补法律法规依据的不足。

表 1-15　建设项目招标控制价/投标报价汇总表

工程名称：　　　　　　　　　　　　　　　　　　　　　　　　　　　第　页　共　页

序　号	单项工程名称	金额/元	其中：/元		
			暂估价	安全文明施工费	规费
合　计					

注：本表适用于建设项目招标控制价或投标报价的汇总。

表 1-16　单项工程招标控制价/投标报价汇总表

工程名称：　　　　　　　　　　　　　　　　　　　　　　　　　　　第　页　共　页

序　号	单位工程名称	金额/元	其中：/元		
			暂估价	安全文明施工费	规费
合　计					

注：本表适用于单项工程招标控制价或投标报价的汇总。暂估价包括分部分项工程中的暂估价和专业工程暂估价。

表 1-17 单位工程招标控制价/投标报价汇总表

工程名称： 标段： 第 页 共 页

序 号	汇 总 内 容	金额/元	其中：暂估价/元
1	分部分项工程		
1.1			
1.2			
1.3			
1.4			
1.5			
2	措施项目		—
2.1	其中：安全文明施工费		—
3	其他项目		—
3.1	其中：暂列金额		—
3.2	其中：专业工程暂估价		—
3.3	其中：计日工		—
3.4	其中：总承包服务费		—
4	规费		—
5	税金		—
招标控制价/投标报价合计 = 1 + 2 + 3 + 4 + 5			

注：本表适用于单位工程招标控制价或投标报价的汇总，单项工程也使用本表汇总。

（2）竣工结算使用的汇总表见表 1-18、表 1-19、表 1-20。

表 1-18 建设项目竣工结算汇总表

工程名称： 第 页 共 页

序 号	单项工程名称	金额/元	其中：/元	
			安全文明施工费	规 费
合 计				

表1-19 单项工程竣工结算汇总表

工程名称： 第 页 共 页

序 号	单位工程名称	金额/元	其中：/元	
			安全文明施工费	规 费
合 计				

表1-20 单位工程竣工结算汇总表

工程名称： 标段： 第 页 共 页

序 号	汇 总 内 容	金额/元
1	分部分项工程	
1.1		
1.2		
1.3		
1.4		
1.5		
2	措施项目	
2.1	其中：安全文明施工费	
3	其他项目	
3.1	其中：专业工程结算价	
3.2	其中：计日工	
3.3	其中：总承包服务费	
3.4	其中：索赔与现场签证	
4	规费	
5	税金	
竣工结算总价合计 = 1 + 2 + 3 + 4 + 5		

注：如无单位工程划分，单项工程也使用本表汇总。

5. 分部分项工程和措施项目计价表

（1）分部分项工程和单价措施项目清单与计价表（表1-21）。

填制说明：

①编制工程量清单时，"工程名称"栏应填写具体的工程称谓。"项目编码"栏应按相关工程国家计量规范项目编码栏内规定的9位数字另加3位顺序码填写。"项目名称"栏应按相关工程国家计量规范根据拟建工程实际确定填写。"项目特征描述"栏应按相关工程国家计量规范根据拟建工程实际予以描述。"计量单位"应按相关工程国家计量规范的规定填写，如有两个或两个以上计量单位的，应按照适宜计量的方式选择其中一个填写。"工程量"应按相关工程国家计量规范规定的工程量计算规则计算填写。

② 编制招标控制价时，其项目编码、项目名称、项目特征、计量单位、工程量栏不变，对"综合单价""合价"以及"其中：暂估价"按相关规定填写。

③ 编制投标报价时，招标人对表中的"项目编码""项目名称""项目特征""计量单位""工程量"均不应改动。"综合单价""合价"自主决定填写，对其中的"暂估价"栏，投标人应将招标文件中提供了暂估材料单价的暂估价计入综合单价，并应计算出暂估单价的材料在"综合单价"及其"合价"中的具体数额，因此，为更详细反映暂估价情况，也可在表中增设一栏"综合单价"其中的"暂估价"。

④ 编制竣工结算时，可取消"暂估价"。

表 1-21　分部分项工程和单价措施项目清单与计价表

工程名称：　　　　　　　　　标段：　　　　　　　第 页 共 页

序　号	项目编码	项目名称	项目特征描述	计量单位	工程量	金额/元		
						综　合单　价	合　价	其中暂估价
本页小计								
合　计								

注：为计取规费等的使用，可在表中增设其中："定额人工费"。

（2）综合单价分析表（表 1-22）。

填制说明：工程量清单综合单价分析表是评标委员会评审和判别综合单价组成以及其价格完整性、合理性的主要基础，对因工程变更、工程量偏差等原因调整综合单价也是必不可少的基础价格数据来源。采用经评审的最低投标价法评标时，该分析表的重要性更加突出。

综合单价分析表集中反映了构成每一个清单项目综合单价的各个价格要素的价格及主要的"工、料、机"消耗量。投标人在投标报价时，需要对每一个清单项目进行组价，为了使组价工作具有可追溯性（回复评标质疑时尤其需要），需要表明每一个数据的来源。该分析表实际上是投标人投标组价工作的一个阶段性成果文件，借助计算机辅助报价系统，可以由计算机自动生成，并不需要投标人付出太多额外劳动。

综合单价分析表一般随投标文件一同提交，作为已标价工程量清单的组成部分，以便中标后，作为合同文件的附属文件。投标人须知中需要就该分析表提交的方式作出规定，该规定需要考虑是否有必要对该分析表的合同地位给予定义。一般而言，该分析表所载明的价格数据对投标人是有约束力的，但是投标人能否以此作为投标报价中的错报和漏报等的依据而寻求招标人的补偿是实践中值得注意的问题。比较恰当的做法似乎应当是，通过评标过程中的清标、质疑、澄清、说明和补正机制，不但解决工程量清单综合单价的合理性问题，而且将合理化的综合单价反馈到综合单价分析表中，形成相互衔接、相互呼应的最终成果，在这种情况下，即便是将综合单价分析表定义为有合同约束力的文件，上述顾虑也就没有必要了。

编制综合单价分析表对辅助性材料不必细列，可归并到其他材料费中以金额表示。

表1-22　综合单价分析表

工程名称：　　　　　　　　　　　　　　　　标段：　　　　　　　　　第 页 共 页

项 目 编 码		项 目 名 称		计 量 单 位		工　程　量	
清单综合单价组成明细							

定额编号	定额项目名称	定额单位	数量	单　　价				合　　价			
				人工费	材料费	机械费	管理费和利润	人工费	材料费	机械费	管理费和利润
人工单价				小计							
元/工日				未计价材料费							
清单项目综合单价											

材料费明细	主要材料名称、规格、型号				单位	数量	单价/元	合价/元	暂估单价/元	暂估合价/元
	其他材料费						—		—	
	材料费小计						—		—	

注：1. 如不使用省级或行业建设主管部门发布的计价依据，可不填定额编号、名称等。
　　 2. 招标文件提供了暂估单价的材料，按暂估的单价填入表内“暂估单价”栏及“暂估合价”栏。

（3）综合单价调整表（表1-23）。

填制说明：综合单价调整表用于由于各种合同约定调整因素出现时调整综合单价，此表实际上是一个汇总性质的表，各种调整依据应附表后，并且注意，项目编码、项目名称必须与已标价工程量清单保持一致，不得发生错漏，以免发生争议。

表1-23　综合单价调整表

工程名称：　　　　　　　　　　　　　　　　标段：　　　　　　　　　第 页 共 页

序号	项目编码	项目名称	已标价清单综合单价/元					调整后综合单价/元				
			综合单价	其中				综合单价	其中			
				人工费	材料费	机械费	管理费和利润		人工费	材料费	机械费	管理费和利润
造价工程师（签章）：发包人代表（签章）：							造价人员（签章）：发包人代表（签章）：					
日期：							日期：					

注：综合单价调整应附调整依据。

（4）总价措施项目清单与计价表（表1-24）。

填制说明：

1）编制工程量清单时，表中的项目可根据工程实际情况进行增减。

2）编制招标控制价时，计费基础、费率应按省级或行业建设主管部门的规定计取。

3）编制投标报价时，除"安全文明施工费"必须按《建设工程工程量清单计价规范》（GB 50500—2013）的强制性规定，省级或行业建设主管部门的规定计取外，其他措施项目均可根据投标施工组织设计自主报价。

4）编制工程结算时，如省级或行业建设主管部门调整了安全文明施工费，应按调整后的标准计算此费用，其他总价措施项目经发承包双方协商进行了调整的，按调整后的标准计算。

表1-24　总价措施项目清单与计价表

工程名称：　　　　　　　　　　　　　标段：　　　　　　　　　　第 页 共 页

序　号	项目编码	项目名称	计算基础	费率（%）	金额/元	调整费率（%）	调整后金额/元	备注
		安全文明施工费						
		夜间施工增加费						
		二次搬运费						
		冬雨季施工增加费						
		已完工程及设备保护费						
		合　计						

编制人（造价人员）：　　　　　　　　复核人（造价工程师）：

注：1. "计算基础"中安全文明施工费可为"定额基价""定额人工费"或"定额人工费+定额机械费"，其他项目可为"定额人工费"或"定额人工费+定额机械费"。

　　2. 按施工方案计算的措施费，若无"计算基础"和"费率"的数值，也可只填"金额"数值，但应在备注栏说明施工方案出处或计算方法。

6. 其他项目计价表

（1）其他项目清单与计价汇总表（表1-25）。

填制说明：使用本表时，由于计价阶段的差异，应注意：

1）编制招标工程量清单时，应汇总"暂列金额"和"专业工程暂估价"，以提供给投标报价。

2）编制招标控制价时，应按有关计价规定估算"计日工"和"总承包服务费"。如招标工程量清单中未列"暂列金额"，应按有关规定编列。

3）编制投标报价时，应按招标工程量清单提供的"暂估金额"和"专业工程暂估价"填写金额，不得变动。"计日工""总承包服务费"自主确定报价。

4）编制或核对工程结算，"专业工程暂估价"按实际分包结算价填写，"计日工""总承包服务费"按双方认可的费用填写，如发生"索赔"或"现场签证"费用，按双方认可的金额计入该表。

表1-25　其他项目清单与计价汇总表

工程名称：　　　　　　　　　　　　　标段：　　　　　　　　　第　页　共　页

序　号	项目名称	金额/元	结算金额/元	备　注
1	暂列金额			明细详见表1-26
2	暂估价			
2.1	材料（工程设备）暂估价/结算价	—	—	明细详见表1-27
2.2	专业工程暂估价/结算价			明细详见表1-28
3	计日工			明细详见表1-29
4	总承包服务费			明细详见表1-30
5	索赔与现场签证	—		明细详见表1-31
合　计				—

注：材料（工程设备）暂估价进入清单项目综合单价，此处不汇总。

（2）暂列金额明细表（表1-26）。

填制说明：暂列金额在实际履约过程中可能发生，也可能不发生。本表要求招标人能将暂列金额与拟用项目列出明细，但如确实不能详列也可只列暂列金额总额，投标人应将上述暂列金额计入投标总价中。

虽然暂列金额包含在投标总价中（所以也将包含在中标人的合同总价中），但并不属于承包人所有的支配，是否属于承包人所有则受合同约定的开支程序的制约。

表1-26　暂列金额明细表

工程名称：　　　　　　　　　　　　　标段：　　　　　　　　　第　页　共　页

序　号	项目名称	计量单位	暂列金额/元	备　注
1				
2				
3				
4				
5				
6				
合　计				—

注：此表由招标人填写，如不能详列，也可只列暂列金额总额，投标人应将上述暂列金额计入投标总价中。

（3）材料（工程设备）暂估单价及调整表（表1-27）。

填制说明：暂估价是在招标阶段预见肯定要发生，只是因为标准不明确或者需要由专业承包人完成，暂时无法确定材料、工程设备的具体价格而采用的一种临时性计价方式。暂估价的材料、工程设备数量应在表内填写，拟用项目应在本表备注栏中给予补充说明。

要求招标人针对每一类暂估价给出相应的拟用项目，即按照材料、工程设备的名称分别给出，这样的材料、工程设备暂估价能够纳入清单项目的综合单价中。

还有一种是给一个原则性的说明，原则性说明对招标人编制工程量清单而言比较简单，能降低招标人出错的概率。但是，对投标人而言，则很难准确把握招标人的意图和目的，很难保证投标报价的质量，轻则影响合同的可执行力，极端情况可能导致招标失败。因此，这种处理方式是不可取的方式。

一般而言，招标工程量清单中列明的材料、工程设备的暂估价仅指此类材料、工程设备本身运至施工现场内工地地面价。不包括这些材料、工程设备的安装以及安装所必需的辅助材料以及发生在现场内的验收、存储、保管、开箱、二次搬运、从存放地点运至安装地点以及其他任何必要的辅助工作（以下简称"暂估价项目的安装及辅助工作"）所发生的费用。暂估价项目的安装及辅助工作所发生的费用应该包括在投标报价中的相应清单项目的综合单价中并且固定包死。

表 1-27　材料（工程设备）暂估单价及调整表

工程名称：　　　　　　　　　　　　标段：　　　　　　　　　第 页 共 页

序　号	材料（工程设备）名称、规格、型号	计量单位	数量		暂估金额/元		确认金额/元		差额±/元		备　注
			暂估	确认	单价	合价	单价	合价	单价	合价	
合　计											

注：此表由招标人填写"暂估单价"，并在备注栏说明暂估价的材料、工程设备拟用在哪些清单项目上，投标人应将上述材料暂估单价计入工程量清单综合单价报价中。

（4）专业工程暂估价及结算价表（表 1-28）。

填制说明：专业工程暂估价应在表内填写工程名称、工程内容、暂估金额，投标人应将上述金额计入投标总价中。

专业工程暂估价项目及其表中列明的专业工程暂估价，是指分包人实施专业工程的含税后的完整价（即包含了该专业工程中所有供应、安装、完工、调试、修复缺陷等全部工作），除了合同约定的发包人应承担的总包管理、协调、配合和服务责任所对应的总承包服务费用以外，承包人为履行其总包管理、配合、协调和服务等所需发生的费用应该包括在投标报价中。

表 1-28　专业工程暂估价及结算价表

工程名称：　　　　　　　　　　　　标段：　　　　　　　　　第 页 共 页

序　号	工程名称	工程内容	暂估金额/元	结算金额/元	差额±/元	备　注
合　计						

注：此表"暂估金额"由招标人填写，投标人应将"暂估金额"计入投标总价中，结算时按合同约定结算金额填写。

（5）计日工表（表1-29）。

填制说明：

1）编制工程量清单时，"项目名称""计量单位""暂估数量"由招标人填写。

2）编制招标控制价时，人工、材料、机械台班单价由招标人按有关计价规定填写并计算合价。

3）编制投标报价时，人工、材料、机械台班单价由招标人自主确定，按已给暂估数量计算合价计入投标总价中。

4）编制结算总价时，实际数量按发、承包双方确认的填写。

表 1-29　计日工表

工程名称：　　　　　　　　　　标段：　　　　　　　　　第　页　共　页

编　号	项目名称	单　位	暂定数量	实际数量	综合单价/元	合价/元	
						暂定	实际
一	人工						
1							
2							
人工小计							
二	材料						
1							
2							
材料小计							
三	施工机械						
1							
2							
施工机械小计							
四、企业管理费和利润							
总　　计							

注：此表项目名称、暂定数量由招标人填写，编制招标控制价时，单价由招标人按有关计价规定确定；投标时，单价由投标人自主报价，按暂定数量计算合价计入投标总价中。结算时，按发、承包双方确认的实际数量计算合价。

（6）总承包服务费计价表（表1-30）。

填制说明：

1）编制招标工程量清单时，招标人应将拟定进行专业发包的专业工程，自行采购的材料设备等决定清楚，填写项目名称、服务内容，以便投标人决定报价。

2）编制招标控制价时，招标人按有关计价规定计价。

3）编制投标报价时，由投标人根据工程量清单中的总承包服务内容，自主决定报价。

4）办理工程结算时，发、承包双方应按承包人已标价工程量清单中的报价计算，如发、承包双方确定调整的，按调整后的金额计算。

表1-30　总承包服务费计价表

工程名称：　　　　　　　　　　　　标段：　　　　　　　　　　第　页　共　页

序　号	项目名称	项目价值/元	服务内容	计算基础	费率（%）	金额/元
1	发包人发包专业工程					
2	发包人供应材料					
	合　计	—	—	—		

注：此表项目名称、服务内容有招标人填写，编制招标控制价时，费率及金额由招标人按有关计价规定确定。投标时，费率及金额由投标人自主报价，计入投标总价中。

（7）索赔与现场签证计价汇总表（表1-31）。

填制说明：本表是对发、承包双方签证认可的"费用索赔申请（核准）表"和"现场签证表"的汇总。

表1-31　索赔与现场签证计价汇总表

工程名称：　　　　　　　　　　　　标段：　　　　　　　　　　第　页　共　页

序　号	签证及索赔项目名称	计量单位	数　量	单价/元	合价/元	索赔及签证依据
—	本页小计	—				
—	合　计	—				

注：签证及索赔依据是指经双方认可的签证单和索赔依据的编号。

（8）费用索赔申请（核准）表（表1-32）。

填制说明：本表将费用索赔申请与核准设置于一个表，非常直观。使用本表时，承包人代表应按合同条款的约定阐述原因，附上索赔证据、费用计算报发包人，经监理工程师复核（按照发包人的授权不论是监理工程师或发包人现场代表均可），经造价工程师（此处造价工程师可以是承包人现场管理人员，也可以是发包人委托的工程造价咨询企业的人员）复核具体费用，经发包人审核后生效，该表以在选择栏中"□"内做标示"√"表示。

表1-32 费用索赔申请（核准）表

工程名称： 标段： 编号：

致：＿＿＿＿＿＿＿＿＿＿＿＿＿＿＿＿＿＿＿＿＿＿＿＿＿＿＿＿＿＿＿＿＿＿（发包人全称）

　　根据施工合同条款第＿＿＿＿＿条的约定，由于＿＿＿＿＿＿＿原因，我方要求索赔金额（大写）＿＿＿＿＿＿（小写
＿＿＿＿＿），请予核准。

附：1. 费用索赔的详细理由和依据：

　　2. 索赔金额的计算：

　　3. 证明材料：

　　　　　　　　　　　　　　　　　　　　　　　　　　　　　　承包人（章）

造价人员＿＿＿＿＿＿＿＿＿　　　承包人代表＿＿＿＿＿＿＿＿　　　日　期＿＿＿＿＿＿＿＿

复核意见：

　　根据施工合同条款第＿＿＿＿＿条的约定，你方提出的费用索赔申请经复核：

□不同意此项索赔，具体意见见附件。

□同意此项索赔，索赔金额的计算，由造价工程师复核。

　　　　　　　　监理工程师＿＿＿＿＿＿＿＿

　　　　　　　　日　期＿＿＿＿＿＿＿＿

复核意见：

　　根据施工合同条款第＿＿＿＿＿条的约定，你方提出的费用索赔申请经复核，索赔金额为（大写）＿＿＿＿＿＿（小写＿＿＿＿＿）。

　　　　　　　　造价工程师＿＿＿＿＿＿＿＿

　　　　　　　　日　期＿＿＿＿＿＿＿＿

审核意见：

□不同意此项索赔。

□同意此项索赔，与本期进度款同期支付。

　　　　　　　　　　　　　　　　　　　　　　发包人（章）

　　　　　　　　　　　　　　　　　　　　　　发包人代表＿＿＿＿＿＿＿＿

　　　　　　　　　　　　　　　　　　　　　　日　期＿＿＿＿＿＿＿＿

注：1. 在选择栏中的"□"内做标示"√"。

　　2. 本表一式四份，由承包人填报，发包人、监理人、造价咨询人、承包人各存一份。

（9）现场签证表（表1-33）。

填制说明：现场签证种类繁多，发、承包双方在工程实施过程中来往信函就责任事件的证明均可称为现场签证，但并不是所有的签证均可马上算出价款，有的需要经过索赔程序，这时的签证仅是索赔的依据，有的签证可能根本不涉及价款。本表仅是针对现场签证需要价款结算支付的一种，其他内容的签证也可适用。考虑到招标时招标人对计日工项目的预估难免会有遗漏，造成实际施工发生后无相应的计日工单价，现场签证只能包括单价一并处理，因此，在汇总时，有计日工单价的，可归并于计日工，如无计日工单价的，归并于现场签证，以示区别。当然，现场签证全部汇总于计日工也是一种可行的处理方式。

表1-33　现场签证表

工程名称：　　　　　　　　　　标段：　　　　　　　　　　编号：			
施工单位		日　期	

致：＿＿＿＿＿＿＿＿＿＿＿＿＿＿＿＿＿＿＿＿＿＿＿＿＿＿＿＿＿＿＿＿（发包人全称）

　　　根据＿＿＿＿＿＿＿（指令人姓名）　年　月　日的口头指令或你方＿＿＿＿＿＿（或监理人）＿＿＿＿＿＿年＿＿＿＿＿＿月＿＿＿＿＿＿日的书面通知，我方要求完成此项工作应支付价款金额为（大写）＿＿＿＿＿＿（小写＿＿＿＿＿＿），请予核准。

附：1. 签证事由及原因：

　　2. 附图及计算式：

　　　　　　　　　　　　　　　　　　　　　　　　　　　　　　　　　承包人（章）

　　造价人员＿＿＿＿＿＿＿　　　承包人代表＿＿＿＿＿＿＿　　　　日　期＿＿＿＿＿＿＿

复核意见： 你方提出的此项签证申请经复核： □不同意此项签证，具体意见见附件。 □同意此项签证，签证金额的计算，由造价工程师复核。 　　　　　　监理工程师＿＿＿＿＿＿ 　　　　　　日　期＿＿＿＿＿＿	复核意见： 　　□此项签证按承包人中标的计日工单价计算，金额为（大写）＿＿＿＿＿＿元，（小写）＿＿＿＿＿＿元。 　　□此项签证因无计日工单价，金额为（大写）＿＿＿＿＿＿元，（小写）＿＿＿＿＿＿。 　　　　　　造价工程师＿＿＿＿＿＿ 　　　　　　日　期＿＿＿＿＿＿

审核意见：

□不同意此项签证。

□同意此项签证，价款与本期进度款同期支付。

　　　　　　　　　　　　　　　　　　　　　　　　　　　　　　　　承包人（章）

　　　　　　　　　　　　　　　　　　　　　　　　　　　　　承包人代表＿＿＿＿＿＿＿

　　　　　　　　　　　　　　　　　　　　　　　　　　　　　日　期＿＿＿＿＿＿＿

注：1. 在选择栏中的"□"内做标示"√"。

　　2. 本表一式四份，由承包人在收到发包人（监理人）的口头或书面通知后填写，发包人、监理人、造价咨询人、承包人各存一份。

7. 规费、税金项目计价表

规费、税金项目计价表见表1-34。

填制说明：在施工实践中，有的规费项目，如工程排污费，并非每个工程所在地都要征收，实践中可作为按实计算的费用处理。

表 1-34　规费、税金项目计价表

工程名称：　　　　　　　　　　　　　标段：　　　　　　　　第 页 共 页

序 号	项 目 名 称	计 算 基 础	计 算 基 数	计 算 费 率（%）	金额/元
1	规费				
1.1	社会保险费				
（1）	养老保险费	定额人工费			
（2）	失业保险费	定额人工费			
（3）	医疗保险费	定额人工费			
（4）	工伤保险费	定额人工费			
（5）	生育保险费	定额人工费			
1.2	住房公积金	定额人工费			
1.3	工程排污费	按工程所在地环境保护部门收取标准，按实计入			
2	税金	分部分项工程费＋措施项目费＋其他项目费＋规费－按规定不计税的工程设备金额			
合　　计					

编制人（造价人员）：　　　　　　　　　　复核人（造价工程师）：

8. 工程计量申请（核准）表

工程计量申请（核准）表见表 1-35。

填制说明：本表填写的"项目编码""项目名称""计量单位"应与已标价工程量清单表中的一致，承包人应在合同约定的计量周期结束时，将申报数量填写在申报数量栏，发包人核对后如与承包人不一致，填在核实数量栏，经发、承包双发共同核对确认的计量填在确认数量栏。

表 1-35　工程计量申请（核准）表

工程名称：　　　　　　　　　　　　　标段：　　　　　　　　第 页 共 页

序 号	项 目 编 码	项 目 名 称	计 量 单 位	承包人申报数量	发包人核实数量	发承包人确认数量	备 注

承包人代表：	监理工程师：	造价工程师：	发包人代表：
日　　期：	日　　期：	日　　期：	日　　期：

9. 合同价款支付申请（核准）表

（1）预付款支付申请（核准）表（表 1-36）。

（2）总价项目进度款支付分解表（表 1-37）。

表 1-36 预付款支付申请（核准）表

工程名称：　　　　　　　　　　　　　标段：　　　　　　　　　　编号：

致：＿＿＿＿＿＿＿＿＿＿＿＿＿＿＿＿＿＿＿＿＿＿＿＿＿＿＿＿＿＿（发包人全称）

　　我方根据施工合同的约定，先申请支付工程预付款额为（大写）＿＿＿＿＿＿（小写＿＿＿＿＿），请予核准。

序号	名称	申请金额/元	复核金额/元	备注
1	已签约合同价款金额			
2	其中：安全文明施工费			
3	应支付的预付款			
4	应支付的安全文明施工费			
5	合计应支付的预付款			

承包人（章）

造价人员＿＿＿＿＿　　　　承包人代表＿＿＿＿＿　　　　日　期＿＿＿＿＿

复核意见：

　□与合同约定不相符，修改意见见附件。

　□与合约约定相符，具体金额由造价工程师复核。

监理工程师＿＿＿＿＿
日　　　期＿＿＿＿＿

复核意见：

　　你方提出的支付申请经复核，应支付预付款金额为（大写）＿＿＿＿＿＿（小写＿＿＿＿＿）。

造价工程师＿＿＿＿＿
日　　　期＿＿＿＿＿

审核意见：

　□不同意。

　□同意，支付时间为本表签发后的 15d 内。

发包人（章）
发包人代表＿＿＿＿＿
日　　　期＿＿＿＿＿

注：1. 在选择栏中的"□"内做标示"√"。

　　2. 本表一式四份，由承包人填报，发包人、监理人、造价咨询人、承包人各存一份。

表 1-37 总价项目进度款支付分解表

工程名称：　　　　　　　　　　　　　标段：　　　　　　　　　单位：元

序号	项目名称	总价金额	首次支付	二次支付	三次支付	四次支付	五次支付	
	安全文明施工费							
	夜间施工增加费							
	二次搬运费							
	社会保险费							

（续）

序号	项 目 名 称	总价金额	首次支付	二次支付	三次支付	四次支付	五次支付	
	住房公积金							
	合　　计							

编制人（造价人员）：　　　　　　　　　　复核人（造价工程师）：

注：1. 本表应由承包人在投标报价时根据发包人在招标文件明确的进度款支付周期与报价填写，签订合同时，发、承包双方可就支付分解协商调整后作为合同附件。

　　2. 单价合同使用本表，"支付"栏时间应与单价项目进度款支付周期相同。

　　3. 总价合同使用本表，"支付"栏时间应与约定的工程计量周期相同。

（3）进度款支付申请（核准）表（表1-38）。

表 1-38　进度款支付申请（核准）表

工程名称：　　　　　　　　　　标段：　　　　　　　　　　编号：

致：_____（发包人全称）

　　我方于_____至_____期间已完成了_____工作，根据施工合同的约定，现申请支付本期的工程款额为（大写）_____（小写_____），请予核准。

序　号	名　称	实际金额/元	申请金额/元	复核金额/元	备注
1	累计已完成的合同价款				
2	累计已实际支付的合同价款				
3	本周期合计完成的合同价款				
3.1	本周期已完成单价项目的金额				
3.2	本周期应支付的总价项目的金额				
3.3	本周期已完成的计日工价款				
3.4	本周期应支付的安全文明施工费				
3.5	本周期应增加的合同价款				
4	本周期合计应扣减的金额				
4.1	本周期应抵扣的预付款				
4.2	本周期应扣减的金额				
5	本周期应支付的合同价款				

附：上述3、4详见附件清单。

　　　　　　　　　　　　　　　　　　　　　　　　　　承包人（章）

造价人员_____　　承包人代表_____　　日　期_____

复核意见： 　□与实际施工情况不相符，修改意见见附件。 　□与实际施工情况相符，具体金额由造价工程师复核。	复核意见： 　你方提供的支付申请经复核，本期间已完成工程款额为（大写）_____（小写_____），本期间应支付金额为（大写）_____（小写_____）。
监理工程师_____ 　　　　　日　期_____	造价工程师_____ 　　　　　日　期_____

（续）

审核意见：
□不同意。
□同意，支付时间为本表签发后的 15 天内。
发包人（章） 发包人代表_____ 日　期_____

注：1. 在选择栏中的"□"内做标示"√"。

2. 本表一式四份，由承包人填报，发包人、监理人、造价咨询人、承包人各存一份。

（4）竣工结算款支付申请（核准）表（表1-39）。

表 1-39　竣工结算款支付申请（核准）表

工程名称：　　　　　　　　　　　标段：　　　　　　　　　　　编号：

致：_____（发包人全称）

　　我于_____至_____期间已完成合同约定的工作，工程已经完工，根据施工合同的约定，现申请支付竣工结算合同款额为（大写）_____（小写_____），请予核准。

序　号	名　　称	申请金额/元	复核金额/元	备　注
1	竣工结算合同价款总额			
2	累计已实际支付的合同价款			
3	应预留的质量保证金			
4	应支付的竣工结算款金额			

承包人（章）

造价人员_____　　　承包人代表_____　　　日　期_____

复核意见：	复核意见：
□与实际施工情况不相符，修改意见见附件。	你方提出的竣工结算款支付申请经复核，竣工结算款总额为（大写）_____（小写_____），扣除前期支付以及质量保证金后应支付金额为（大写）_____（小写_____）。
□与实际施工情况相符，具体金额由造价工程师复核。	
监理工程师_____ 日　期_____	造价工程师_____ 日　期_____

审核意见：
□不同意。
□同意，支付时间为本表签发后的 15 天内。
发包人（章） 发包人代表_____ 日　期_____

注：1. 在选择栏中的"□"内做标示"√"。

2. 本表一式四份，由承包人填报，发包人、监理人、造价咨询人、承包人各存一份。

（5）最终结清支付申请（核准）表（表1-40）。

表 1-40　最终结清支付申请（核准）表

工程名称：　　　　　　　　　　标段：　　　　　　　　编号：

致：＿＿＿＿＿＿＿＿＿＿＿＿＿＿＿＿＿＿＿＿＿＿＿＿＿＿＿＿＿（发包人全称）

　　我方于＿＿＿＿＿至＿＿＿＿＿期间已完成了缺陷修复工作，根据施工合同的约定，现申请支付最终结清合同款额为（大写）＿＿＿＿＿（小写＿＿＿＿），请予核准。

序　号	名　　称	申请金额/元	复核金额/元	备　注
1	已预留的质量保证金			
2	应增加因发包人原因造成缺陷的修复金额			
3	应扣减承包人不修复缺陷、发包人组织修复的金额			
4	最终应支付的合同价款			

　　　　　　　　　　　　　　　　　　　　　　　　　承包人（章）

造价人员＿＿＿＿＿＿＿　　　承包人代表＿＿＿＿＿＿＿　　日　期＿＿＿＿＿＿＿

复核意见： □与实际施工情况不相符，修改意见见附件。 □与实际施工情况相符，具体金额由造价工程师复核。 　　　　　监理工程师＿＿＿＿＿＿ 　　　　　日　期＿＿＿＿＿＿	复核意见： 　你方提出的支付申请经复核，最终应支付金额为（大写）＿＿＿＿＿（小写＿＿＿＿）。 　　　　　造价工程师＿＿＿＿＿＿ 　　　　　日　期＿＿＿＿＿＿

审核意见：
□不同意。
□同意，支付时间为本表签发后的 15 天内。

　　　　　　　　　　　　　　　　　　　　　　　　　发包人（章）
　　　　　　　　　　　　　　　　　　　　　　　　　发包人代表＿＿＿＿＿＿
　　　　　　　　　　　　　　　　　　　　　　　　　日　期＿＿＿＿＿＿

　注：1. 在选择栏中的"□"内做标示"√"。
　　　2. 本表一式四份，由承包人填报，发包人、监理人、造价咨询人、承包人各存一份。

10. 主要材料、工程设备一览表

（1）发包人提供材料和工程设备一览表（表1-41）。

表1-41　发包人提供材料和工程设备一览表

工程名称：　　　　　　　　　　　　　　　　标段：　　　　　　　　　　　　第　页　共　页

序号	材料（工程设备）名称、规格、型号	单　　位	数　　量	单价/元	交货方式	送达地点	备　注

注：此表由招标人填写，供投标人在投标报价、确定总承包服务费时参考。

（2）承包人提供主要材料和工程设备一览表（适用于造价信息差额调整法）见表1-42。

填制说明：本表"风险系数"应由发包人在招标文件中按照《建设工程工程量清单计价规范》（GB 50500—2013）的要求合理确定。本表将风险系数、基准单价、投标单价、发、承包人确认单价在一个表内全部表示，可以大大减少发、承包双方不必要的争议。

表1-42　承包人提供主要材料和工程设备一览表
（适用于造价信息差额调整法）

工程名称：　　　　　　　　　　　　　　　　标段：　　　　　　　　　　　　第　页　共　页

序　号	名称、规格、型号	单　位	数　量	风险系数（%）	基准单价/元	投标单价/元	发、承包人确认单价/元	备　注

注：1. 此表由招标人填写除"投标单价"栏的内容，投标人在投标时自主确定投标单价。
　　2. 投标人应优先采用工程造价管理机构发布的单价作为基准单价，未发布的，通过市场调查确定其基准单价。

（3）承包人提供主要材料和工程设备一览表（适用于价格指数差额调整法）见表1-43。

表1-43　承包人提供主要材料和工程设备一览表
（适用于价格指数差额调整法）

工程名称：　　　　　　　　　　　　　　　　标段：　　　　　　　　　　　　第　页　共　页

序　　号	名称、规格、型号	变值权重 B	基本价格指数 F_0	现行价格指数 F_t	备　　注
	定值权重 A		—	—	
合　计		1	—	—	

注：1. "名称、规格、型号""基本价格指数"栏由招标人填写，基本价格指数应首先采用工程造价管理机构发布的价格指数，没有时，可采用发布的价格代替。如人工、机械费也采用本法调整由招标人在"名称"栏填写。
　　2. "变值权重"栏由投标人根据该项人工、机械费和材料、工程设备值在投标总报价中所占的比例填写，1减去其比例为定值权重。
　　3. "现行价格指数"按约定的付款证书相关周期最后一天的前42天的各项价格指数填写，该指数应首先采用工程造价管理机构发布的价格指数，没有时，可采用发布的价格代替。

1.3.2　计价表格使用规定

（1）工程计价表宜采用统一格式。各省、自治区、直辖市建设行政主管部门和行业建设主管部门可根据本地区、本行业的实际情况，在《建设工程工程量清单计价规范》（GB 50500—2013）中附录 B 至附录 L 计价表格的基础上补充完善。

（2）工程计价表格的设置应满足工程计价的需要，方便使用。

（3）工程量清单的编制使用表格包括：表 1-4、表 1-9、表 1-14、表 1-21、表 1-24 ~ 表 1-30、表 1-34、表 1-41、表 1-42 或表 1-43。

（4）招标控制价、投标报价、竣工结算的编制使用表格：

1）招标控制价使用表格包括：表 1-5、表 1-10、表 1-14、表 1-15、表 1-16、表 1-17、表 1-21、表 1-22、表 1-24 ~ 表 1-30、表 1-34、表 1-41、表 1-42 或表 1-43。

2）投标报价使用的表格包括：表 1-6、表 1-11、表 1-14、表 1-15、表 1-16、表 1-17、表 1-21、表 1-22、表 1-24 ~ 表 1-30、表 1-34、表 1-37、招标文件提供的表 1-41、表 1-42 或表 1-43。

3）竣工结算使用的表格包括：表 1-7、表 1-12、表 1-14、表 1-18 ~ 表 1-25、表 1-34 ~ 表 1-41、表 1-42 或表 1-43。

4）工程造价鉴定使用表格包括：表 1-8、表 1-13、表 1-14、表 1-18 ~ 表 1-41、表 1-42 或表 1-43。

（5）投标人应按招标文件的要求，附工程量清单综合单价分析表。

1.4　《建设工程工程量清单计价规范（2013 年）》简介

1.4.1　"13 规范"修编必要性

1. 相关法律等的变化，需要修改计价规范

《中华人民共和国社会保险法》的实施；《中华人民共和国建筑法》关于实行工伤保险，鼓励企业为从事危险作业的职工办理意外伤害保险的修订；国家发展和改革委员会、财政部关于取消工程定额测定费的规定；财政部开征地方教育附加等规费方面的变化，需要修改计价规范。

《建筑市场管理条例》的起草，《建筑工程施工发承包计价管理办法》的修订，为"08 规范"的修改提供了基础。

2. "08 规范"的理论探讨和实践总结，需要修改计价规范

"08 规范"实施以来，在工程建设领域得到了充分肯定，从《建筑》《建筑经济》《建筑时报》《工程造价》《造价师》等报纸杂志刊登的文章来看，"08 规范"对工程计价产生了重大影响。一些法律工作者从法律角度对强制性条文进行了点评；一些理论工作者对规范条文进行了理论探索；一些实际工作者对单价合同、总价合同的适用问题，对竣工结算应尽可能使用前期计价资料问题，以及计价规范应更具操作性等提出了很多好的建议。

3. 一些作为探索的条文说明，经过实践需要进入计价规范

"08 规范"出台时，一些不成熟的条文采用了条文说明或宣贯教材引路的方式。经过实践，有的已经形成共识，如计价风险分担、物价波动的价格指数调整、招标控制价的投诉处理等，需要进入计价规范正文，增大执行效力。

4. 附录部分的不足，需要尽快修改完善

（1）有的专业分类不明确，需要重新定义划分，增补"城市轨道交通""爆破工程"等专业。

（2）一些项目划分不适用，设置不合理。

（3）有的项目特征描述不能体现项目自身价值，存在缺乏表述或难于描述的现象。

（4）有的项目计量单位不符合工程项目的实际情况。

（5）有的计算规则界线划分不清，导致计量扯皮。

（6）未考虑市场成品化生产的现状。

（7）与传统的计价定额衔接不够，不便于计量与计价。

5. 附录部分需要增加新项目，删除淘汰项目

随着科技的发展，为了满足计量、计价的需要，应增补新技术、新工艺、新材料的项目，同时，应删除技术规范已经淘汰的项目。

6. 有的计量规定需要进一步重新定义和明确

"08 规范"附录个别规定需重新定义和划分，例如：土石类别的划分一直沿用"普氏分类"；桩基工程又采用分级，而国家相关标准又未使用；施工排水与安全文明施工费中的排水两者不明确；钢筋工程有关"搭接"的计算规定含糊等。

7. "08 规范"对于计价、计量的表现形式有待改变

"08 规范"正文部分主要是有关计价方面的规定，附录部分主要是有关计量的规定。对于计价而言，无论什么专业都应该是一致的；而计量，随着专业的不同存在不一样的规定，将其作为附录处理，不方便操作和管理，也不利于不同专业计量规范的修订和增补。为此，计价、计量规范体系表现形式的改变，是很有必要的。

1.4.2 "13 规范"修编原则

1. 计价规范

（1）依法原则

建设工程计价活动受《中华人民共和国合同法》（简称《合同法》）等多部法律、法规的管辖。因此，"13 规范"与"08 规范"一样，对规范条文做到依法设置。例如，有关招标控制价的设置，就遵循了《政府采购法》的相关规定，以有效地遏制哄抬标价的行为；有关招标控制价投诉的设置，就遵循了《招标投标法》的相关规定，既维护了当事人的合法权益，又保证了招标活动的顺利进行；有关合理工期的设置，就遵循了《建设工程质量管理条例》的相关规定，以促使施工作业有序进行，确保工程质量和安全；有关工程结算的设置，就遵循了《合同法》以及相关司法解释的相关规定。

（2）权责对等原则

在建设工程施工活动中，不论发包人或承包人，有权利就必然有责任。"13 规范"仍然坚持这一原则，杜绝只有权利没有责任的条款。如"08 规范"关于工程量清单编制质量的责任由招标人承担的规定，就有效遏制了招标人以强势地位设置工程量偏差由投标人承担的做法。

（3）公平交易原则

建设工程计价从本质上讲，就是发包人与承包人之间的交易价格，在社会主义市场经济条件下应做到公平进行。"08 规范"关于计价风险合理分担的条文，及其在条文说明中对于计价风险的分类和风险幅度的指导意见，就得到了工程建设各方的认同，因此，"13 规范"将其正式条文化。

（4）可操作性原则

"13 规范"尽量避免条文点到就止，十分重视条文有无可操作性。例如招标控制价的投诉问题，"08 规范"仅规定可以投诉，但没有操作方面的规定，"13 规范"在总结黑龙江、山东、四川等地做法的基础上，对投诉时限、投诉内容、受理条件、复查结论等作了较为详细的规定。

（5）从约原则

建设工程计价活动是发、承包双方在法律框架下签约、履约的活动。因此，遵从合同约定，履行合同义务是双方的应尽之责。"13 规范"在条文上坚持"按合同约定"的规定，但在合同约定不明或没有约定的情况下，发、承包双方发生争议时不能协商一致，规范的规定就会在处理争议方面发挥积极作用。

2. 计量规范

（1）项目编码唯一性原则

"13 规范"虽然将"08 规范"附录独立，新修编为 9 个计量规范，但项目编码仍按"03 规范""08 规范"设置的方式保持不变。前两位定义为每本计量规范的代码，使每个项目清单的编码都是唯一的，没有重复。

（2）项目设置简明适用原则

"13 计量规范"在项目设置上以符合工程实际、满足计价需要为前提，力求增加新技术、新工艺、新材料的项目，删除技术规范已经淘汰的项目。

（3）项目特征满足组价原则

"13 计量规范"在项目特征上，对凡是体现项目自身价值的都作出规定，不以工作内容已有，而不在项目特征中作出要求。

1）对工程计价无实质影响的内容不作规定，如现浇混凝土梁底板标高等。

2）对应由投标人根据施工方案自行确定的不作规定，如预裂爆破的单孔深度及装药量等。

3）对应由投标人根据当地材料供应及构件配料决定的不作规定，如混凝土拌合料的石子种类及粒径、砂的种类等。

4）对应由施工措施解决并充分体现竞争要求的，注明了特征描述时不同的处理方式，如弃土运距等。

（4）计量单位方便计量原则

计量单位应以方便计量为前提，注意与现行工程定额的规定衔接。如有两个或两个以上计量单位均可满足某工程项目计量要求的，均予以标注，由招标人根据工程实际情况选用。

（5）工程量计算规则统一原则

"13 计量规范"不使用"估算"之类的词语；对使用两个或两个以上计量单位的，分别规定了不同计量单位的工程量计算规则；对易引起争议的，用文字说明，如钢筋的搭接如何计量等。

1.4.3 "13 规范" 特点

1. 专业划分更加精细

"13 规范"将"08 规范"中的六个专业（建筑、装饰、安装、市政、园林、矿山），重新进行了精细化调整。

（1）将建筑与装饰专业合并为一个专业。

（2）将仿古从园林专业中分开，拆解为一个新专业。

（3）新增了构筑物、城市轨道交通、爆破工程三个专业。

调整后分为以下九个专业：

（1）房屋建筑与装饰工程。

（2）仿古建筑工程。

（3）通用安装工程。

（4）市政工程。

（5）园林绿化工程。

（6）矿山工程。

（7）构筑物工程。

（8）城市轨道交通工程。

（9）爆破工程。

由此可见，"13 规范"中各个专业之间的划分更加清晰、更加具有针对性和可操作性。

2. 责任划分更加明确

"13 规范"对"08 规范"里责任不够明确的内容做了明确的责任划分和补充。

（1）阐释了招标工程量清单和已标价工程量清单的定义。

（2）规定了计价风险合理分担的原则。

（3）规定了招标控制价出现误差时投诉与处理的方法。

（4）规定了当法律法规变化、工程变更、项目特征描述不符、工程量清单缺项、工程量偏差、物价变化等 15 种事项发生时，发、承包双方应当按照合同约定调整合同价款。

3. 可执行性更加强化

（1）增强了与合同的契合度，需要造价管理与合同管理相统一。

（2）明确了 52 条术语的概念，要求提高使用术语的精确度。

（3）提高了合同各方面风险分担的强制性，要求发、承包双方明确各自的风险范围。

（4）细化了措施项目清单编制和列项的规定，加大了工程造价管理复杂度。

（5）改善了计量、计价的可操作性，有利于结算纠纷的处理。

4. 合同价款调整更加完善

凡出现以下情况之一者，发、承包双方应当按照合同约定调整合同价款：

（1）法律法规变化。

（2）工程变更。

（3）项目特征描述不符。

（4）工程量清单缺项。

（5）工程量偏差。

（6）物价变化。

（7）暂估价。

（8）计日工。

（9）现场签证。

（10）不可抗力。

（11）提前竣工（赶工补偿）。

（12）误期赔偿。

（13）索赔。

（14）暂列金额。

（15）发、承包双方约定的其他调整事项。

5. 风险分担更加合理

强制了计价风险的分担原则，明确了应由发、承包人各自分别承担的风险范围和应由发、承包双方共同承担的风险范围以及完全不由承包人承担的风险范围。

6. 招标控制价的变化

招标控制价编制、复核、投诉、处理的方法、程序更加法治和明晰。

第2章 工程量清单计价体系

2.1 工程量清单编制

2.1.1 一般规定

1. 清单编制主体

招标工程量清单应由具有编制能力的招标人或受其委托，具有相应资质的工程造价咨询人或招标代理人编制。

2. 清单编制条件及责任

招标工程量清单必须作为招标文件的组成部分，其准确性和完整性由招标人负责。

3. 清单编制的作用

招标工程量清单是工程量清单计价的基础，应作为编制招标控制价、投标报价、计算工程量、工程索赔等的依据之一。

4. 清单的组成

招标工程量清单应以单位（项）工程为单位编制，应由分部分项工程量清单、措施项目清单、其他项目清单、规费和税金项目清单组成。

5. 清单编制依据

编制工程量清单应依据：

（1）《房屋建筑与装饰工程工程量计算规范》（GB 50854—2013）和现行国家标准《建设工程工程量清单计价规范》（GB 50500—2013）。

（2）国家或省级、行业建设主管部门颁发的计价依据和办法。

（3）建设工程设计文件。

（4）与建设工程项目有关的标准、规范、技术资料。

（5）拟定的招标文件。

（6）施工现场情况、工程特点及常规施工方案。

（7）其他相关资料。

6. 编制要求

（1）其他项目、规费和税金项目清单应按照现行国家标准《建设工程工程量清单计价规范》（GB 50500—2013）的相关规定编制。

（2）编制工程量清单出现《房屋建筑与装饰工程工程量计算规范》（GB 50854—2013）附录中未包括的项目，编制人应做补充，并报省级或行业工程造价管理机构备案，省级或行业工程造价管理机构应汇总报住房和城乡建设部标准定额研究所。

补充项目的编码由《房屋建筑与装饰工程工程量计算规范》（GB 50854—2013）的代码01与B和三位阿拉伯数字组成，并应从01B001起顺序编制，同一招标工程的项目不得重码。

补充的工程量清单需附有补充项目的名称、项目特征、计量单位、工程量计算规则、工作内容。不能计量的措施项目，需附有补充项目的名称、工作内容及包含范围。

2.1.2　分部分项工程清单

1. 工程量清单编码

（1）工程量清单应根据《房屋建筑与装饰工程工程量计算规范》（GB 50854—2013）附录规定的项目编码、项目名称、项目特征、计量单位和工程量计算规则进行编制。

（2）工程量清单的项目编码，应采用前十二位阿拉伯数字表示，一至九位应按《房屋建筑与装饰工程工程量计算规范》（GB 50854—2013）附录的规定设置，十至十二位应根据拟建工程的工程量清单项目名称设置，同一招标工程的项目编码不得有重码。

各位数字的含义是：一、二位为专业工程代码（01—房屋建筑与装饰工程；02—仿古建筑工程；03—通用安装工程；04—市政工程；05—园林绿化工程；06—矿山工程；07—构筑物工程；08—城市轨道交通工程；09—爆破工程。以后进入国标的专业工程代码以此类推）。三、四位为工程分类顺序码。五、六位为分部工程顺序码。七、八、九位为分项工程项目名称顺序码。十至十二位为清单项目名称顺序码。

当同一标段（或合同段）的一份工程量清单中含有多个单位工程且工程量清单是以单位工程为编制对象时，在编制工程量清单时应特别注意对项目编码十至十二位的设置不得有重码的规定。

2. 工程量清单项目名称与项目特征

（1）工程量清单的项目名称应按《房屋建筑与装饰工程工程量计算规范》（GB 50854—2013）附录的项目名称结合拟建工程的实际确定。

（2）分部分项工程量清单项目特征应按《房屋建筑与装饰工程工程量计算规范》（GB 50854—2013）附录规定的项目特征，结合拟建工程项目的实际予以描述。

工程量清单的项目特征是确定一个清单项目综合单价不可缺少的重要依据，在编制工程量清单时，必须对项目特征进行准确和全面的描述。但有些项目特征用文字往往又难以准确和全面的描述清楚。因此，为达到规范、简洁、准确、全面描述项目特征的要求，在描述工程量清单项目特征时应按以下原则进行：

1）项目特征描述的内容应按附录中的规定，结合拟建工程的实际，能满足确定综合单价的需要。

2）若采用标准图集或施工图样能够全部或部分满足项目特征描述的要求，项目特征描述可直接采用详见××图集或××图号的方式。对不能满足项目特征描述要求的部分，仍应用文字描述。

3. 工程量计算规则与计量单位

（1）工程量清单中所列工程量应按《房屋建筑与装饰工程工程量计算规范》（GB 50854—2013）附录中规定的工程量计算规则计算。

（2）分部分项工程量清单的计量单位应按《房屋建筑与装饰工程工程量计算规范》（GB 50854—2013）附录中规定的计量单位确定。

4. 其他相关要求

（1）现浇混凝土工程项目"工作内容"中包括模板工程的内容，同时又在"措施项目"中单列了现浇混凝土模板工程项目。对此，由招标人根据工程实际情况选用，若招标人在措施项目清单中未编列现浇混凝土模板项目清单，即表示现浇混凝土模板项目不单列，现浇混凝土工程项目的综合单价中应包括模板工程费用。

（2）对预制混凝土构件按现场制作编制项目，"工作内容"中包括模板工程，不再另列。若采用成品预制混凝土构件时，构件成品价（包括模板、钢筋、混凝土等所有费用）应计入综合单价中。

（3）金属结构构件按成品编制项目，构件成品价应计入综合单价中，若采用现场制作，包括制作的所有费用。

2.1.3　措施项目清单

（1）措施项目清单必须根据相关工程现行国家计量规范的规定编制，应根据拟建工程的实际情况列项。

（2）措施项目中列出了项目编码、项目名称、项目特征、计量单位、工程量计算规则的项目。编制工程量清单时，应按照"分部分项工程"的规定执行。

（3）措施项目中仅列出项目编码、项目名称，未列出项目特征、计量单位和工程量计算规则的项目，编制工程量清单时，应按第五章"措施项目"规定的项目编码、项目名称确定。

2.1.4　其他项目清单

其他项目清单应按照暂列金额、暂估价、计日工、总承包服务费列项。

1. 暂列金额

暂列金额是招标人暂定并包括在合同价款中的一笔款项。不管采用何种合同形式，其理想的标准是，一份合同的价格就是其最终的竣工结算价格，或者至少两者应尽可能接近。我国规定对政府投资工程实行概算管理，经项目审批部门批复的设计概算是工程投资控制的刚性指标，即使商业性开发项目也有成本的预先控制问题，否则，无法相对准确地预测投资的收益和科学合理地进行投资控制。但工程建设自身的特性决定了工程的设计需要根据工程进展不断地进行优化和调整，业主需求可能会随工程建设进展而出现变化，工程建设过程还会存在一些不能预见、不能确定的因素。消化这些因素必然会影响合同价格的调整，暂列金额正是因这类不可避免的价格调整而设立，以便达到合理确定和有效控制工程造价的目标。

有一种错误的观念认为，暂列金额列入合同价格就属于承包人（中标人）所有了。事实上，即便是总价包干合同，也不是列入合同价格的任何金额都属于中标人的，是否属于中标人应得金额取决于具体的合同约定，暂列金额从定义开始就明确，只有按照合同约定程序实际发生后，才能成为中标人的应得金额，纳入合同结算价款中。扣除实际发生金额后的暂列金额余额仍属于招标人所有。设立暂列金额并不能保证合同结算价格不会再出现超过已签约合同价的情况，是否超出已签约合同价完全取决于对暂列金额预测的准确性，以及工程建设过程是否出现了其他事先未预测到的事件。

2. 暂估价

暂估价是指招标阶段直至签订合同协议时，招标人在招标文件中提供的用于支付必然要发生但暂时不能确定价格的材料以及专业工程的金额。其包括材料暂估价、工程设备暂估单价、专业工程暂估价。

为方便合同管理和计价，需要纳入工程量清单项目综合单价中的暂估价最好只是材料费，以方便投标人组价。对专业工程暂估价一般应是综合暂估价，包括除规费、税金以外的管理费、利润等。

3. 计日工

计日工是为了解决现场发生的零星工作的计价而设立的。国际上常见的标准合同条款中，大多数都设立了计日工计价机制。计日工对完成零星工作所消耗的人工工时、材料数量、施工机械台班进行计量，并按照计日工表中填报的适用项目的单价进行计价支付。计日工适用的所谓零星工作一般是指合同约定之外或者因变更而产生的、工程量清单中没有相应项目的额外工作，尤其是那些时间不允许事先商定价格的额外工作。

4. 总承包服务费

总承包服务费是为了解决招标人在法律、法规允许的条件下进行专业工程发包以及自行供应材料、工程设备，并需要总承包人对发包的专业工程提供协调和配合服务，对供应材料、工程设备提供收、发和保管服务以及进行施工现场管理时发生并向总承包人支付的费用。招标人应预计该项费用，并按投标人的投标报价向投标人支付该项费用。

2.1.5　规费项目清单

（1）规费项目清单应按照下列内容列项：

1）社会保障费。包括养老保险费、失业保险费、医疗保险费、工伤保险费、生育保险费。

2）住房公积金。

3）工程排污费。

（2）出现第（1）条未列的项目，应根据省级政府或省级有关部门的规定列项。

2.1.6　税金项目清单

（1）税金项目清单应包括下列内容：

1）营业税。

2）城市维护建设税。

3）教育费附加。

4）地方教育附加。

（2）出现第（1）条未列的项目，应根据税务部门的规定列项。

2.2　工程量清单计价编制

2.2.1　一般规定

1. 计价方式

（1）使用国有资金投资的建设工程发承包，必须采用工程量清单计价。

(2) 非国有资金投资的建设工程，宜采用工程量清单计价。

(3) 不采用工程量清单计价的建设工程，应执行《建设工程工程量清单计价规范》（GB 50500—2013）除工程量清单等专门性规定外的其他规定。

(4) 工程量清单应采用综合单价计价。

(5) 措施项目中的安全文明施工费必须按国家或省级、行业建设主管部门的规定计算。不得作为竞争性费用。

(6) 规费和税金必须按国家或省级、行业建设主管部门的规定计算。不得作为竞争性费用。

2. 发包人提供材料和工程设备

(1) 发包人提供的材料和工程设备（以下简称甲供材料）应在招标文件中按照规定填写《发包人提供材料和工程设备一览表》，写明甲供材料的名称、规格、数量、单价、交货方式、交货地点等。

承包人投标时，甲供材料单价应计入相应项目的综合单价中，签约后，发包人应按合同约定扣除甲供材料款，不予支付。

(2) 承包人应根据合同工程进度计划的安排，向发包人提交甲供材料交货的日期计划。发包人应按计划提供。

(3) 发包人提供的甲供材料如规格、数量或质量不符合合同要求，或由于发包人原因发生交货日期延误、交货地点及交货方式变更等情况的，发包人应承担由此增加的费用和（或）工期延误，并应向承包人支付合理利润。

(4) 发承包双方对甲供材料的数量发生争议不能达成一致的，应按照相关工程的计价定额同类项目规定的材料消耗量计算。

(5) 若发包人要求承包人采购已在招标文件中确定为甲供材料的，材料价格应由发承包双方根据市场调查确定，并应另行签订补充协议。

3. 承包人提供材料和工程设备

(1) 除合同约定的发包人提供的甲供材料外，合同工程所需的材料和工程设备应由承包人提供，承包人提供的材料和工程设备均应由承包人负责采购、运输和保管。

(2) 承包人应按合同约定将采购材料和工程设备的供货人及品种、规格、数量和供货时间等提交发包人确认，并负责提供材料和工程设备的质量证明文件，满足合同约定的质量标准。

(3) 对承包人提供的材料和工程设备经检测不符合合同约定的质量标准，发包人应立即要求承包人更换，由此增加的费用和（或）工期延误应由承包人承担。对发包人要求检测承包人已具有合格证明的材料、工程设备，但经检测证明该项材料、工程设备符合合同约定的质量标准，发包人应承担由此增加的费用和（或）工期延误，并向承包人支付合理利润。

4. 计价风险

(1) 建设工程发、承包必须在招标文件、合同中明确计价中的风险内容及其范围。不得采用无限风险、所有风险或类似语句规定计价中的风险内容及范围。

(2) 由于下列因素出现，影响合同价款调整的，应由发包人承担：

1) 国家法律、法规、规章和政策发生变化。

2）省级或行业建设主管部门发布的人工费调整，但承包人对人工费或人工单价的报价高于发布的除外。

3）由政府定价或政府指导价管理的原材料等价格进行了调整。

（3）由于市场物价波动影响合同价款的，应由发、承包双方合理分摊，填写《承包人提供主要材料和工程设备一览表》作为合同附件；当合同中没有约定，发、承包双方发生争议时，应按 2.2.6 节"合同价款调整"中第 8 条"物价变化"的规定调整合同价款。

（4）由于承包人使用机械设备、施工技术以及组织管理水平等自身原因造成施工费用增加的，应由承包人全部承担。

（5）当不可抗力发生，影响合同价款时，应按 2.2.6 节"合同价款调整"中第 10 条"不可抗力"的规定执行。

2.2.2 招标控制价

1. 一般规定

（1）国有资金投资的建设工程招标，招标人必须编制招标控制价。

我国对国有资金投资项目的投资控制实行的是投资概算审批制度，国有资金投资的工程原则上不能超过批准的投资概算。

国有资金投资的工程实行工程量清单招标，为了客观、合理地评审投标报价和避免哄抬标价，避免造成国有资产流失，招标人必须编制招标控制价，规定最高投标限价。

（2）招标控制价应由具有编制能力的招标人或受其委托具有相应资质的工程造价咨询人编制和复核。

（3）工程造价咨询人接受招标人委托编制招标控制价，不得再就同一工程接受投标人委托编制投标报价。

（4）招标控制价应按照第 2 条"编制与复核"（1）规定编制，不应上调或下浮。

（5）当招标控制价超过批准的概算时，招标人应将其报原概算审批部门审核。

（6）招标人应在发布招标文件时公布招标控制价，同时应将招标控制价及有关资料报送工程所在地或有该工程管辖权的行业管理部门工程造价管理机构备查。

招标控制价的作用决定了招标控制价不同于标底，无需保密。为体现招标的公平、公正性，防止招标人有意抬高或压低工程造价，招标人应在招标文件中如实公布招标控制价，同时，招标人应将招标控制价报工程所在地或有该工程管辖权的行业管理部门的工程造价管理机构备查。

2. 编制与复核

（1）招标控制价应根据下列依据编制与复核：

1）《建设工程工程量清单计价规范》（GB 50500—2013）。

2）国家或省级、行业建设主管部门颁发的计价定额和计价办法。

3）建设工程设计文件及相关资料。

4）拟定的招标文件及招标工程量清单。

5）与建设项目相关的标准、规范、技术资料。

6）施工现场情况、工程特点及常规施工方案。

7）工程造价管理机构发布的工程造价信息，当工程造价信息没有发布时，参照市场价。

8）其他的相关资料。

（2）综合单价中应包括招标文件中划分的应由投标人承担的风险范围及其费用。招标文件中没有明确的，如是工程造价咨询人编制，应提请招标人明确；如是招标人编制，应予明确。

（3）分部分项工程和措施项目中的单价项目，应根据拟定的招标文件和招标工程量清单项目中的特征描述及有关要求确定综合单价计算。

（4）措施项目中的总价项目应根据拟定的招标文件和常规施工方案按 2.2.1 "一般规定" 中第 1 条 "计价方式"（4）、（5）的规定计价。

（5）其他项目应按下列规定计价：

1）暂列金额应按招标工程量清单中列出的金额填写。

2）暂估价中的材料、工程设备单价应按招标工程量清单中列出的单价计入综合单价。

3）暂估价中的专业工程金额应按招标工程量清单中列出的金额填写。

4）计日工应按招标工程量清单中列出的项目根据工程特点和有关计价依据确定综合单价计算。

5）总承包服务费应根据招标工程量清单列出的内容和要求估算。

（6）规费和税金应按 2.2.1 "一般规定" 中第 1 条 "计价方式"（6）的规定计算。

3. 投诉与处理

（1）投标人经复核认为招标人公布的招标控制价未按照《建设工程工程量清单计价规范》（GB 50500—2013）的规定进行编制的，应在招标控制价公布后 5 天内向招标投标监督机构和工程造价管理机构投诉。

（2）投诉人投诉时，应当提交由单位盖章和法定代表人或其委托人签名或盖章的书面投诉书，投诉书应包括下列内容：

1）投诉人与被投诉人的名称、地址及有效联系方式。

2）投诉的招标工程名称、具体事项及理由。

3）投诉依据及相关证明材料。

4）相关的请求及主张。

（3）投诉人不得进行虚假、恶意投诉，阻碍投标活动的正常进行。

（4）工程造价管理机构在接到投诉书后应在 2 个工作日内进行审查，对有下列情况之一的，不予受理：

1）投诉人不是所投诉招标工程招标文件的收受人。

2）投诉书提交的时间不符合上述（1）规定的；投诉书不符合上述（2）规定的。

3）投诉事项已进入行政复议或行政诉讼程序的。

（5）工程造价管理机构应在不迟于结束审查的次日将是否受理投诉的决定书面通知投诉人、被投诉人以及负责该工程招标投标监督的招标投标管理机构。

（6）工程造价管理机构受理投诉后，应立即对招标控制价进行复查，组织投诉人、被投诉人或其委托的招标控制价编制人等单位人员对投诉问题逐一核对。有关当事人应当予以配合，并应保证所提供资料的真实性。

（7）工程造价管理机构应当在受理投诉的 10 天内完成复查，特殊情况下可适当延长，并作出书面结论通知投诉人、被投诉人及负责该工程招标投标监督的招标投标管理机构。

（8）当招标控制价复查结论与原公布的招标控制价误差大于±3%时，应当责成招标人改正。

（9）招标人根据招标控制价复查结论需要重新公布招标控制价的，其最终公布的时间至招标文件要求提交投标文件截止时间不足15天的，应相应延长投标文件的截止时间。

2.2.3　投标报价

1. 一般规定

（1）投标价应由投标人或受其委托具有相应资质的工程造价咨询人编制。

（2）投标人应依据2.2.3节中第2条"编制与复核"的规定自主确定投标报价。

（3）投标报价不得低于工程成本。

（4）投标人必须按招标工程量清单填报价格。项目编码、项目名称、项目特征、计量单位、工程量必须与招标工程量清单一致。

（5）投标人的投标报价高于招标控制价的应予废标。

2. 编制与复核

（1）投标报价应根据下列依据编制和复核：

1）《建设工程工程量清单计价规范》（GB 50500—2013）。

2）国家或省级、行业建设主管部门颁发的计价办法。

3）企业定额，国家或省级、行业建设主管部门颁发的计价定额和计价办法。

4）招标文件、招标工程量清单及其补充通知、答疑纪要。

5）建设工程设计文件及相关资料。

6）施工现场情况、工程特点及投标时拟定的施工组织设计或施工方案。

7）建设项目相关的标准、规范等技术资料。

8）市场价格信息或工程造价管理机构发布的工程造价信息。

9）其他的相关资料。

（2）综合单价中应包括招标文件中划分的应由投标人承担的风险范围及其费用，招标文件中没有明确的，应提请招标人明确。

（3）分部分项工程和措施项目中的单价项目，应根据招标文件和招标工程量清单项目中的特征描述确定综合单价计算。

（4）措施项目中的总价项目金额应根据招标文件和投标时拟定的施工组织设计或施工方案按2.2.1节"一般规定"中第1条"计价方式"（4）的规定自主确定。其中安全文明施工费应按照2.2.1节"一般规定"中第1条"计价方式"（5）的规定确定。

（5）其他项目费应按下列规定报价：

1）暂列金额应按招标工程量清单中列出的金额填写。

2）材料、工程设备暂估价应按招标工程量清单中列出的单价计入综合单价。

3）专业工程暂估价应按招标工程量清单中列出的金额填写。

4）计日工应按招标工程量清单中列出的项目和数量，自主确定综合单价并计算计日工金额。

5）总承包服务费应根据招标工程量清单中列出的内容和提出的要求自主确定。

（6）规费和税金应按2.2.1节"一般规定"中第1条"计价方式"（6）的规定确定。

（7）招标工程量清单与计价表中列明的所有需要填写单价和合价的项目，投标人均应填写且只允许有一个报价。未填写单价和合价的项目，可视为此项费用已包含在已标价工程量清单中其他项目的单价和合价之中。当竣工结算时，此项目不得重新组价予以调整。

（8）投标总价应当与分部分项工程费、措施项目费、其他项目费和规费、税金的合计金额一致。

2.2.4　合同价款约定

1. 一般规定

（1）实行招标的工程合同价款应在中标通知书发出之日起30天内，由发、承包双方依据招标文件和中标人的投标文件在书面合同中约定。

合同约定不得违背招标、投标文件中关于工期、造价、质量等方面的实质性内容。招标文件与中标人投标文件不一致的地方，应以投标文件为准。

（2）不实行招标的工程合同价款，应在发、承包双方认可的工程价款基础上，由发、承包双方在合同中约定。

（3）实行工程量清单计价的工程，应采用单价合同；建设规模较小，技术难度较低，工期较短，且施工图设计已审查批准的建设工程可采用总价合同；紧急抢险、救灾以及施工技术特别复杂的建设工程可采用成本加酬金合同。

2. 约定内容

（1）发、承包双方应在合同条款中对下列事项进行约定：

1）预付工程款的数额、支付时间及抵扣方式。

2）安全文明施工措施的支付计划、使用要求等。

3）工程计量与支付工程进度款的方式、数额及时间。

4）工程价款的调整因素、方法、程序、支付及时间。

5）施工索赔与现场签证的程序、金额确认与支付时间。

6）承担计价风险的内容、范围以及超出约定内容、范围的调整办法。

7）工程竣工价款结算编制与核对、支付及时间。

8）工程质量保证金的数额、预留方式及时间。

9）违约责任以及发生合同价款争议的解决方法及时间。

10）与履行合同、支付价款有关的其他事项等。

（2）合同中没有按照上述（1）的要求约定或约定不明的，若发承包双方在合同履行中发生争议由双方协商确定；当协商不能达成一致时，应按《建设工程工程量清单计价规范》（GB 50500—2013）的规定执行。

2.2.5　工程计量

1. 工程计量的依据

工程量计算除依据《房屋建筑与装饰工程工程量计算规范》（GB 50854—2013）各项规定外，尚应依据以下文件：

（1）经审定通过的施工设计图纸及其说明。

（2）经审定通过的施工组织设计或施工方案。

（3）经审定通过的其他有关技术经济文件。

2. 工程计量的执行

（1）一般规定

1）工程量必须按照相关工程现行国家计量规范规定的工程量计算规则计算。

2）工程计量可选择按月或按工程形象进度分段计量，具体计量周期应在合同中约定。

3）因承包人原因造成的超出合同工程范围施工或返工的工程量，发包人不予计量。

4）成本加酬金合同应按下文（2）"单价合同的计量"的规定计量。

（2）单价合同的计量。

1）工程量必须以承包人完成合同工程应予计量的工程量确定。

2）施工中进行工程计量，当发现招标工程量清单中出现缺项、工程量偏差，或因工程变更引起工程量增减时，应按承包人在履行合同义务中完成的工程量计算。

3）承包人应当按照合同约定的计量周期和时间向发包人提交当期已完工程量报告。发包人应在收到报告后 7 天内核实，并将核实计量结果通知承包人。发包人未在约定时间内进行核实的，承包人提交的计量报告中所列的工程量应视为承包人实际完成的工程量。

4）发包人认为需要进行现场计量核实时，应在计量前 24 小时通知承包人，承包人应为计量提供便利条件并派人参加。当双方均同意核实结果时，双方应在上述记录上签字确认。承包人收到通知后不派人参加计量，视为认可发包人的计量核实结果。发包人不按照约定时间通知承包人，致使承包人未能派人参加计量，计量核实结果无效。

5）当承包人认为发包人核实后的计量结果有误时，应在收到计量结果通知后的 7 天内向发包人提出书面意见，并应附上其认为正确的计量结果和详细的计算资料。发包人收到书面意见后，应在 7 天内对承包人的计量结果进行复核后通知承包人。承包人对复核计量结果仍有异议的，按照合同约定的争议解决办法处理。

6）承包人完成已标价工程量清单中每个项目的工程量并经发包人核实无误后，发、承包双方应对每个项目的历次计量报表进行汇总，以核实最终结算工程量，并应在汇总表上签字确认。

（3）总价合同的计量

1）采用工程量清单方式招标形成的总价合同，其工程量应按照上述（2）"单价合同的计量"的规定计算。

2）采用经审定批准的施工图纸及其预算方式发包形成的总价合同，除按照工程变更规定的工程量增减外，总价合同各项目的工程量应为承包人用于结算的最终工程量。

3）总价合同约定的项目计量应以合同工程经审定批准的施工图纸为依据，发、承包双方应在合同中约定工程计量的形象目标或时间节点进行计量。

4）承包人应在合同约定的每个计量周期内对已完成的工程进行计量，并向发包人提交达到工程形象目标完成的工程量和有关计量资料的报告。

5）发包人应在收到报告后 7 天内对承包人提交的上述资料进行复核，以确定实际完成的工程量和工程形象目标。对其有异议的，应通知承包人进行共同复核。

3. 计量单位与有效数字

（1）有两个或两个以上计量单位的，应结合拟建工程项目的实际情况，确定其中一个为计量单位。同一工程项目的计量单位应一致。

（2）工程计量时每一项目汇总的有效位数应遵守下列规定：

1）以"t"为单位，应保留小数点后三位数字，第四位小数四舍五入。

2）以"m""m²""m³""kg"为单位，应保留小数点后两位数字，第三位小数四舍五入。

3）以"个""件""根""组""系统"为单位，应取整数。

4. 计量项目要求

（1）工程量清单项目仅列出了主要工作内容，除另有规定和说明外，应视为已经包括完成该项目所列或未列的全部工作内容。

（2）房屋建筑工程涉及电气、给排水、消防等安装工程的项目，按照现行国家标准《通用安装工程工程量计算规范》（GB 50856—2013）的相应项目执行；涉及仿古建筑工程的项目，按现行国家标准《仿古建筑工程工程量计算规范》（GB 50855—2013）的相应项目执行；涉及室外地（路）面、室外给排水等工程的项目，按现行国家标准《市政工程工程量计算规范》（GB 50857—2013）的相应项目执行；采用爆破法施工的石方工程按照现行国家标准《爆破工程工程量计算规范》（GB 50862—2013）的相应项目执行。

2.2.6 合同价款调整

1. 一般规定

（1）下列事项（但不限于）发生，发、承包双方应当按照合同约定调整合同价款：法律法规变化；工程变更；项目特征不符；工程量清单缺项；工程量偏差；计日工；物价变化；暂估价；不可抗力；提前竣工（赶工补偿）；误期赔偿；索赔；现场签证；暂列金额；发、承包双方约定的其他调整事项。

（2）出现合同价款调增事项（不含工程量偏差、计日工、现场签证、索赔）后的14天内，承包人应向发包人提交合同价款调增报告并附上相关资料；承包人在14天内未提交合同价款调增报告的，应视为承包人对该事项不存在调整价款请求。

（3）出现合同价款调减事项（不含工程量偏差、索赔）后的14天内，发包人应向承包人提交合同价款调减报告并附相关资料；发包人在14天内未提交合同价款调减报告的，应视为发包人对该事项不存在调整价款请求。

（4）发（承）包人应在收到承（发）包人合同价款调增（减）报告及相关资料之日起14天内对其核实，予以确认的应书面通知承（发）包人。当有疑问时，应向承（发）包人提出协商意见。发（承）包人在收到合同价款调增（减）报告之日起14天内未确认也未提出协商意见的，应视为承（发）包人提交的合同价款调增（减）报告已被发（承）包人认可。发（承）包人提出协商意见的，承（发）包人应在收到协商意见后的14天内对其核实，予以确认的应书面通知发（承）包人。承（发）包人在收到发（承）包人的协商意见后14天内既不确认也未提出不同意见的，应视为发（承）包人提出的意见已被承（发）包人认可。

（5）发包人与承包人对合同价款调整的不同意见不能达成一致的，只要对发、承包双方履约不产生实质影响，双方应继续履行合同义务，直到其按照合同约定的争议解决方式得到处理。

（6）经发、承包双方确认调整的合同价款，作为追加（减）合同价款，应与工程进度款或结算款同期支付。

2. 法律法规变化

（1）招标工程以投标截止日前 28 天、非招标工程以合同签订前 28 天为基准日，其后因国家的法律、法规、规章和政策发生变化引起工程造价增减变化的，发、承包双方应按照省级或行业建设主管部门或其授权的工程造价管理机构据此发布的规定调整合同价款。

（2）因承包人原因导致工期延误的，按（1）规定的调整时间，在合同工程原定竣工时间之后，合同价款调增的不予调整，合同价款调减的予以调整。

3. 工程变更

（1）因工程变更引起已标价工程量清单项目或其工程数量发生变化时，应按照下列规定调整：

1）已标价工程量清单中有适用于变更工程项目的，应采用该项目的单价；但当工程变更导致该清单项目的工程数量发生变化，且工程量偏差超过 15% 时，该项目单价应按照2.2.6 节中第 6 条"工程量偏差"的规定调整。

2）已标价工程量清单中没有适用但有类似于变更工程项目的，可在合理范围内参照类似项目的单价。

3）已标价工程量清单中没有适用也没有类似于变更工程项目的，应由承包人根据变更工程资料、计量规则和计价办法、工程造价管理机构发布的信息价格和承包人报价浮动率提出变更工程项目的单价，并应报发包人确认后调整。承包人报价浮动率可按下列公式计算：

$$招标工程：承包人报价浮动率 L = (1 - 中标价/招标控制价) \times 100\% \qquad (2-1)$$
$$非招标工程：承包人报价浮动率 L = (1 - 报价/施工图预算) \times 100\% \qquad (2-2)$$

4）已标价工程量清单中没有适用也没有类似于变更工程项目，且工程造价管理机构发布的信息价格缺价的，应由承包人根据变更工程资料、计量规则、计价办法和通过市场调查等取得有合法依据的市场价格提出变更工程项目的单价，并应报发包人确认后调整。

（2）工程变更引起施工方案改变并使措施项目发生变化时，承包人提出调整措施项目费的，应事先将拟实施的方案提交发包人确认，并应详细说明与原方案措施项目相比的变化情况。拟实施的方案经发、承包双方确认后执行，并应按照下列规定调整措施项目费：

1）安全文明施工费应按照实际发生变化的措施项目依据 2.2.1 节"一般规定"的第 1条"计价方式"（5）的规定计算。

2）采用单价计算的措施项目费，应按照实际发生变化的措施项目，按（1）的规定确定单价。

3）按总价（或系数）计算的措施项目费，按照实际发生变化的措施项目调整，但应考虑承包人报价浮动因素，即调整金额按照实际调整金额乘以（1）规定的承包人报价浮动率计算。

如果承包人未事先将拟实施的方案提交给发包人确认，则应视为工程变更不引起措施项目费的调整或承包人放弃调整措施项目费的权利。

（3）当发包人提出的工程变更因非承包人原因删减了合同中的某项原定工作或工程，致使承包人发生的费用或（和）得到的收益不能被包括在其他已支付或应支付的项目中，也未被包含在任何替代的工作或工程中时，承包人有权提出并应得到合理的费用及利润补偿。

4. 项目特征描述不符

（1）发包人在招标工程量清单中对项目特征的描述，应被认为是准确的和全面的，并且与实际施工要求相符合。承包人应按照发包人提供的招标工程量清单，根据项目特征描述的内容及有关要求实施合同工程，直到项目被改变为止。

（2）承包人应按照发包人提供的设计图纸实施合同工程，若在合同履行期间出现设计图纸（含设计变更）与招标工程量清单任一项目的特征描述不符，且该变化引起该项目工程造价增减变化的，应按照实际施工的项目特征，按本节"合同价款调整"中第3条"工程变更"的相关条款的规定重新确定相应工程量清单项目的综合单价，并调整合同价款。

5. 工程量清单缺项

（1）合同履行期间，由于招标工程量清单中缺项，新增分部分项工程清单项目的，应按照2.2.6节中第3条"工程变更"（1）的规定确定单价，并调整合同价款。

（2）新增分部分项工程清单项目后，引起措施项目发生变化的，应按照2.2.6节中第3条"工程变更"（2）的规定，在承包人提交的实施方案被发包人批准后调整合同价款。

（3）由于招标工程量清单中措施项目缺项，承包人应将新增措施项目实施方案提交发包人批准后，按照2.2.6节中第3条"工程变更"（1）、（2）的规定调整合同价款。

6. 工程量偏差

（1）合同履行期间，当应予计算的实际工程量与招标工程量清单出现偏差，且符合（2）、（3）规定时，发、承包双方应调整合同价款。

（2）对于任一招标工程量清单项目，当因工程量偏差规定的"工程量偏差"和"工程变更"规定的工程变更等原因导致工程量偏差超过15%时，可进行调整。当工程量增加15%以上时，增加部分的工程量的综合单价应予调低；当工程量减少15%以上时，减少后剩余部分的工程量的综合单价应予调高。

上述调整参考如下公式：

1）当 $Q_1 > 1.15Q_0$ 时：

$$S = 1.15Q_0 \times P_0 + (Q_1 \sim 1.15Q_0) \times P_1 \tag{2-3}$$

2）当 $Q_1 < 0.85Q_0$ 时：

$$S = Q_1 \times P_1 \tag{2-4}$$

式中　S——调整后的某一分部分项工程费结算价；

Q_1——最终完成的工程量；

Q_0——招标工程量清单中列出的工程量；

P_1——按照最终完成工程量重新调整后的综合单价；

P_0——承包人在工程量清单中填报的综合单价。

采用上述两式的关键是确定新的综合单价，即 P_1。确定的方法，一是发、承包双方协商确定，二是与招标控制价相联系，当工程量偏差项目出现承包人在工程量清单中填报的综合单价与发包人招标控制价相应清单项目的综合单价偏差超过15%时，工程量偏差项目综合单价的调整可参考以下公式：

3）当 $P_0 < P_2 \times (1 - L) \times (1 - 15\%)$ 时，该类项目的综合单价：

$$P_1 \text{按照} P_2 \times (1 - L) \times (1 - 15\%) \text{调整} \tag{2-5}$$

4）当 $P_0 > P_2 \times (1 + 15\%)$ 时，该类项目的综合单价：

$$P_1 按照 P_2 \times (1 + 15\%) 调整 \qquad (2-6)$$

式中　P_0——承包人在工程量清单中填报的综合单价；

　　　P_2——发包人招标控制价相应项目的综合单价；

　　　L——承包人报价浮动率。

（3）当工程量出现（2）的变化，且该变化引起相关措施项目相应发生变化时，按系数或单一总价方式计价的，工程量增加的措施项目费调增，工程量减少的措施项目费调减。

7. 计日工

（1）发包人通知承包人以计日工方式实施的零星工作，承包人应予执行。

（2）采用计日工计价的任何一项变更工作，在该项变更的实施过程中，承包人应按合同约定提交下列报表和有关凭证送发包人复核：

1）工作名称、内容和数量。

2）投入该工作所有人员的姓名、工种、级别和耗用工时。

3）投入该工作的材料名称、类别和数量。

4）投入该工作的施工设备型号、台数和耗用台时。

5）发包人要求提交的其他资料和凭证。

（3）任一计日工项目持续进行时，承包人应在该项工作实施结束后的 24 小时内向发包人提交有计日工记录汇总的现场签证报告一式三份。发包人在收到承包人提交现场签证报告后的 2 天内予以确认并将其中一份返还给承包人，作为计日工计价和支付的依据。发包人逾期未确认也未提出修改意见的，应视为承包人提交的现场签证报告已被发包人认可。

（4）任一计日工项目实施结束后，承包人应按照确认的计日工现场签证报告核实该类项目的工程数量，并应根据核实的工程数量和承包人已标价工程量清单中的计日工单价计算，提出应付价款；已标价工程量清单中没有该类计日工单价的，由发、承包双方按 2.2.6 节中第 3 条"工程变更"的规定商定计日工单价计算。

（5）每个支付期末，承包人应按照"进度款"的规定向发包人提交本期间所有计日工记录的签证汇总表，并应说明本期间自己认为有权得到的计日工金额，调整合同价款，列入进度款支付。

8. 物价变化

（1）合同履行期间，因人工、材料、工程设备、机械台班价格波动影响合同价款时，应根据合同约定，按物价变化合同价款调整方法调整合同价款。物价变化合同价款调整方法主要有以下两种：

1）价格指数调整价格差额。

① 价格调整公式。因人工、材料和工程设备、施工机械台班等价格波动影响合同价格时，根据招标人提供的"承包人提供主要材料和工程设备一览表（适用于价格指数差额调整法）"，并由投标人在投标函附录中的价格指数和权重表约定的数据，应按下式计算差额并调整合同价款：

$$\Delta P = P_0 \left[A + \left(B_1 \times \frac{F_{t1}}{F_{01}} + B_2 \times \frac{F_{t2}}{F_{02}} + B_3 \times \frac{F_{t3}}{F_{03}} + \cdots + B_n \times \frac{F_{tn}}{F_{0n}} \right) - 1 \right] \qquad (2-7)$$

式中　　　　　　ΔP——需调整的价格差额；

P_0——约定的付款证书中承包人应得到的已完成工程量的金额。此项金额应不包括价格调整、不计质量保证金的扣留和支付、预付款的支付和扣回。约定的变更及其他金额已按现行价格计价的，也不计在内；

A——定值权重（即不调部分的权重）；

B_1、B_2、$B_3 \cdots B_n$——各可调因子的变值权重（即可调部分的权重），为各可调因子在投标函投标总报价中所占的比例；

F_{t1}、F_{t2}、$F_{t3} \cdots F_{tn}$——各可调因子的现行价格指数，指约定的付款证书相关周期最后一天的前 42 天的各可调因子的价格指数；

F_{01}、F_{02}、$F_{03} \cdots F_{0n}$——各可调因子的基本价格指数，指基准日期的各可调因子的价格指数。

以上价格调整公式中的各可调因子、定值和变值权重，以及基本价格指数及其来源在投标函附录价格指数和权重表中约定。价格指数应首先采用工程造价管理机构提供的价格指数，缺乏上述价格指数时，可采用工程造价管理机构提供的价格代替。

② 暂时确定调整差额。在计算调整差额时得不到现行价格指数的，可暂用上一次价格指数计算，并在以后的付款中再按实际价格指数进行调整。

③ 权重的调整。约定的变更导致原定合同中的权重不合理时，由承包人和发包人协商后进行调整。

④ 承包人工期延误后的价格调整。由于承包人原因未在约定的工期内竣工的，对原约定竣工日期后继续施工的工程，在使用第①条的价格调整公式时，应采用原约定竣工日期与实际竣工日期的两个价格指数中较低的一个作为现行价格指数。

⑤ 若可调因子包括了人工在内，则不适用 2.2.1 节第 4 条 "计价风险"（2）的中 2）的规定。

2）造价信息调整价格差额。

① 施工期内，因人工、材料和工程设备、施工机械台班价格波动影响合同价格时，人工、机械使用费按照国家或省、自治区、直辖市建设行政管理部门、行业建设管理部门或其授权的工程造价管理机构发布的人工成本信息、机械台班单价或机械使用费系数进行调整；需要进行价格调整的材料，其单价和采购数应由发包人复核，发包人确认需调整的材料单价及数量，作为调整合同价款差额的依据。

② 人工单价发生变化且符合 2.2.1 节第 4 条 "计价风险"（2）的中 2）的规定的条件时，发、承包双方应按省级或行业建设主管部门或其授权的工程造价管理机构发布的人工成本文件调整合同价款。

③ 材料、工程设备价格变化按照发包人提供的《承包人提供主要材料和工程设备一览表（适用于造价信息差额调整法）》，由发、承包双方约定的风险范围按下列规定调整合同价款：

a. 承包人投标报价中材料单价低于基准单价：施工期间材料单价涨幅以基准单价为基础超过合同约定的风险幅度值，或材料单价跌幅以投标报价为基础超过合同约定的风险幅度值时，其超过部分按实调整。

b. 承包人投标报价中材料单价高于基准单价：施工期间材料单价跌幅以基准单价为基础超过合同约定的风险幅度值，或材料单价涨幅以投标报价为基础超过合同约定的风险幅度值时，其超过部分按实调整。

c. 承包人投标报价中材料单价等于基准单价：施工期间材料单价涨、跌幅以基准单价为基础超过合同约定的风险幅度值时，其超过部分按实调整。

d. 承包人应在采购材料前将采购数量和新的材料单价报送发包人核对，确认用于本合同工程时，发包人应确认采购材料的数量和单价。发包人在收到承包人报送的确认资料后 3 个工作日不予答复的视为已经认可，作为调整合同价款的依据。如果承包人未报经发包人核对即自行采购材料，再报发包人确认调整合同价款的，如发包人不同意，则不作调整。

④ 施工机械台班单价或施工机械使用费发生变化超过省级或行业建设主管部门或其授权的工程造价管理机构规定的范围时，按其规定调整合同价款。

（2）承包人采购材料和工程设备的，应在合同中约定主要材料、工程设备价格变化的范围或幅度；当没有约定且材料、工程设备单价变化超过 5% 时，超过部分的价格应按照以上两种物价变化合同价款调整方法计算调整材料、工程设备费。

（3）发生合同工程工期延误的，应按照下列规定确定合同履行期的价格调整：

1）因非承包人原因导致工期延误的，计划进度日期后续工程的价格，应采用计划进度日期与实际进度日期两者的较高者。

2）因承包人原因导致工期延误的，计划进度日期后续工程的价格，应采用计划进度日期与实际进度日期两者的较低者。

（4）发包人供应材料和工程设备的，不适用（1）、（2）规定，应由发包人按照实际变化调整，列入合同工程的工程造价内。

9. 暂估价

（1）发包人在招标工程量清单中给定暂估价的材料、工程设备属于依法必须招标的，应由发、承包双方以招标的方式选择供应商，确定价格，并应以此为依据取代暂估价，调整合同价款。

（2）发包人在招标工程量清单中给定暂估价的材料、工程设备不属于依法必须招标的，应由承包人按照合同约定采购，经发包人确认单价后取代暂估价，调整合同价款。

（3）发包人在工程量清单中给定暂估价的专业工程不属于依法必须招标的，应按照 2.2.6 节中第 3 条"工程变更"的相应条款的规定确定专业工程价款，并应以此为依据取代专业工程暂估价，调整合同价款。

（4）发包人在招标工程量清单中给定暂估价的专业工程，依法必须招标的，应当由发、承包双方依法组织招标选择专业分包人，并接受有管辖权的建设工程招标投标管理机构的监督，还应符合下列要求：

1）除合同另有约定外，承包人不参加投标的专业工程发包招标，应由承包人作为招标人，但拟定的招标文件、评标工作、评标结果应报送发包人批准。与组织招标工作有关的费用应当被认为已经包括在承包人的签约合同价（投标总报价）中。

2）承包人参加投标的专业工程发包招标，应由发包人作为招标人，与组织招标工作有关的费用由发包人承担。同等条件下，应优先选择承包人中标。

3）应以专业工程发包中标价为依据取代专业工程暂估价，调整合同价款。

10. 不可抗力

因不可抗力事件导致的人员伤亡、财产损失及其费用增加，发、承包双方应按下列原则分别承担并调整合同价款和工期：

（1）合同工程本身的损害、因工程损害导致第三方人员伤亡和财产损失以及运至施工场地用于施工的材料和待安装的设备的损害，应由发包人承担。

（2）发、承包人人员伤亡应由其所在单位负责，并应承担相应费用。

（3）承包人的施工机械设备损坏及停工损失，应由承包人承担。

（4）停工期间，承包人应发包人要求留在施工场地的必要的管理人员及保卫人员的费用应由发包人承担。

（5）工程所需清理、修复费用，应由发包人承担。

11. 提前竣工（赶工补偿）

（1）招标人应依据相关工程的工期定额合理计算工期，压缩的工期天数不得超过定额工期的20%，超过者，应在招标文件中明示增加赶工费用。

（2）发包人要求合同工程提前竣工的，应征得承包人同意后与承包人商定采取加快工程进度的措施，并应修订合同工程进度计划。发包人应承担承包人由此增加的提前竣工（赶工补偿）费用。

（3）发、承包双方应在合同中约定提前竣工每日历天应补偿额度，此项费用应作为增加合同价款列入竣工结算文件中，应与结算款一并支付。

12. 误期赔偿

（1）承包人未按照合同约定施工，导致实际进度迟于计划进度的，承包人应加快进度，实现合同工期。

合同工程发生误期，承包人应赔偿发包人由此造成的损失，并应按照合同约定向发包人支付误期赔偿费。即使承包人支付误期赔偿费，也不能免除承包人按照合同约定应承担的任何责任和应履行的任何义务。

（2）发、承包双方应在合同中约定误期赔偿费，并应明确每日历天应赔额度。误期赔偿费应列入竣工结算文件中，并应在结算款中扣除。

（3）在工程竣工之前，合同工程内的某单项（位）工程已通过了竣工验收，且该单项（位）工程接收证书中表明的竣工日期并未延误，而是合同工程的其他部分产生了工期延误时，误期赔偿费应按照已颁发工程接收证书的单项（位）工程造价占合同价款的比例幅度予以扣减。

13. 索赔

（1）当合同一方向另一方提出索赔时，应有正当的索赔理由和有效证据，并应符合合同的相关约定。

（2）根据合同约定，承包人认为非承包人原因发生的事件造成了承包人的损失，应按下列程序向发包人提出索赔：

1）承包人应在知道或应当知道索赔事件发生后28天内，向发包人提交索赔意向通知书，说明发生索赔事件的事由。承包人逾期未发出索赔意向通知书的，丧失索赔权利。

2）承包人应在发出索赔意向通知书后28天内，向发包人正式提交索赔通知书。索赔通知书应详细说明索赔理由和要求，并应附必要的记录和证明材料。

3）索赔事件具有连续影响的，承包人应继续提交延续索赔通知，说明连续影响的实际情况和记录。

4）在索赔事件影响结束后的28天内，承包人应向发包人提交最终索赔通知书，说明最终索赔要求，并应附必要的记录和证明材料。

（3）承包人索赔应按下列程序处理：

1）发包人收到承包人的索赔通知书后，应及时查验承包人的记录和证明材料。

2）发包人应在收到索赔通知书或有关索赔的进一步证明材料后的 28 天内，将索赔处理结果答复承包人，如果发包人逾期未作出答复，视为承包人索赔要求已被发包人认可。

3）承包人接受索赔处理结果的，索赔款项应作为增加合同价款，在当期进度款中进行支付；承包人不接受索赔处理结果的，应按合同约定的争议解决方式办理。

（4）承包人要求赔偿时，可以选择下列一项或几项方式获得赔偿：

1）延长工期。

2）要求发包人支付实际发生的额外费用。

3）要求发包人支付合理的预期利润。

4）要求发包人按合同的约定支付违约金。

（5）当承包人的费用索赔与工期索赔要求相关联时，发包人在作出费用索赔的批准决定时，应结合工程延期，综合作出费用赔偿和工程延期的决定。

（6）发、承包双方在按合同约定办理了竣工结算后，应被认为承包人已无权再提出竣工结算前所发生的任何索赔。承包人在提交的最终结清申请中，只限于提出竣工结算后的索赔，提出索赔的期限应自发、承包双方最终结清时终止。

（7）根据合同约定，发包人认为由于承包人的原因造成发包人的损失，宜按承包人索赔的程序进行索赔。

（8）发包人要求赔偿时，可以选择下列一项或几项方式获得赔偿：

1）延长质量缺陷修复期限。

2）要求承包人支付实际发生的额外费用。

3）要求承包人按合同的约定支付违约金。

（9）承包人应付给发包人的索赔金额可从拟支付给承包人的合同价款中扣除，或由承包人以其他方式支付给发包人。

14. 现场签证

（1）承包人应发包人要求完成合同以外的零星项目、非承包人责任事件等工作的，发包人应及时以书面形式向承包人发出指令，并应提供所需的相关资料；承包人在收到指令后，应及时向发包人提出现场签证要求。

（2）承包人应在收到发包人指令后的 7 天内向发包人提交现场签证报告，发包人应在收到现场签证报告后的 48 小时内对报告内容进行核实，予以确认或提出修改意见。发包人在收到承包人现场签证报告后的 48 小时内未确认也未提出修改意见的，应视为承包人提交的现场签证报告已被发包人认可。

（3）现场签证的工作如已有相应的计日工单价，现场签证中应列明完成该类项目所需的人工、材料、工程设备和施工机械台班的数量。

如现场签证的工作没有相应的计日工单价，应在现场签证报告中列明完成该签证工作所需的人工、材料设备和施工机械台班的数量及单价。

（4）合同工程发生现场签证事项，未经发包人签证确认，承包人便擅自施工的，除非征得发包人书面同意，否则发生的费用应由承包人承担。

（5）现场签证工作完成后的 7 天内，承包人应按照现场签证内容计算价款，报送发包人确认后，作为增加合同价款，与进度款同期支付。

（6）在施工过程中，当发现合同工程内容因场地条件、地质水文、发包人要求等不一致时，承包人应提供所需的相关资料，并提交发包人签证认可，作为合同价款调整的依据。

15. 暂列金额

（1）已签约合同价中的暂列金额应由发包人掌握使用。

（2）发包人按照 1 ~ 14 条的规定支付后，暂列金额余额应归发包人所有。

2.2.7　合同价款期中支付

1. 预付款

（1）承包人应将预付款专用于合同工程。

（2）包工包料工程的预付款的支付比例不得低于签约合同价（扣除暂列金额）的 10%，不宜高于签约合同价（扣除暂列金额）的 30%。

（3）承包人应在签订合同或向发包人提供与预付款等额的预付款保函后向发包人提交预付款支付申请。

（4）发包人应在收到支付申请的 7 天内进行核实，向承包人发出预付款支付证书，并在签发支付证书后的 7 天内向承包人支付预付款。

（5）发包人没有按合同约定按时支付预付款的，承包人可催告发包人支付；发包人在预付款期满后的 7 天内仍未支付的，承包人可在付款期满后的第 8 天起暂停施工。发包人应承担由此增加的费用和延误的工期，并应向承包人支付合理利润。

（6）预付款应从每一个支付期应支付给承包人的工程进度款中扣回，直到扣回的金额达到合同约定的预付款金额为止。

（7）承包人的预付款保函的担保金额根据预付款扣回的数额相应递减，但在预付款全部扣回之前一直保持有效。发包人应在预付款扣完后的 14 天内将预付款保函退还给承包人。

2. 安全文明施工费

（1）安全文明施工费包括的内容和使用范围，应符合国家有关文件和计量规范的规定。

（2）发包人应在工程开工后的 28 天内预付不低于当年施工进度计划的安全文明施工费总额的 60%，其余部分应按照提前安排的原则进行分解，并应与进度款同期支付。

（3）发包人没有按时支付安全文明施工费的，承包人可催告发包人支付；发包人在付款期满后的 7 天内仍未支付的，若发生安全事故，发包人应承担相应责任。

（4）承包人对安全文明施工费应专款专用，在财务账目中应单独列项备查，不得挪作他用，否则发包人有权要求其限期改正；逾期未改正的，造成的损失和延误的工期应由承包人承担。

3. 进度款

（1）发、承包双方应按照合同约定的时间、程序和方法，根据工程计量结果，办理期中价款结算，支付进度款。

（2）进度款支付周期应与合同约定的工程计量周期一致。

（3）已标价工程量清单中的单价项目，承包人应按工程计量确认的工程量与综合单价计算；综合单价发生调整的，以发、承包双方确认调整的综合单价计算进度款。

（4）已标价工程量清单中的总价项目和按照本节 2.2.5 节中第 2 条中（3）的 2）规定形成的总价合同，承包人应按合同中约定的进度款支付分解，分别列入进度款支付申请中的安全文明施工费和本周期应支付的总价项目的金额中。

（5）发包人提供的甲供材料金额，应按照发包人签约提供的单价和数量从进度款支付中扣除，列入本周期应扣减的金额中。

（6）承包人现场签证和得到发包人确认的索赔金额应列入本周期应增加金额中。

（7）进度款的支付比例按照合同约定，按期中结算价款总额计，不低于 60%，不高于 90%。

（8）承包人应在每个计量周期到期后的 7 天内向发包人提交已完工程进度款支付申请一式四份，详细说明此周期认为有权得到的款额，包括分包人已完工程的价款。支付申请应包括下列内容：

1）累计已完成的合同价款。

2）累计已实际支付的合同价款。

3）本周期合计完成的合同价款。

① 本周期已完成单价项目的金额。

② 本周期应支付的总价项目的金额。

③ 本周期已完成的计日工价款。

④ 本周期应支付的安全文明施工费。

⑤ 本周期应增加的金额。

4）本周期合计应扣减的金额。

① 本周期应扣回的预付款。

② 本周期应扣减的金额。

5）本周期实际应支付的合同价款。

（9）发包人应在收到承包人进度款支付申请后的 14 天内，根据计量结果和合同约定对申请内容予以核实，确认后向承包人出具进度款支付证书。若发、承包双方对部分清单项目的计量结果出现争议，发包人应对无争议部分的工程计量结果向承包人出具进度款支付证书。

（10）发包人应在签发进度款支付证书后的 14 天内，按照支付证书列明的金额向承包人支付进度款。

（11）若发包人逾期未签发进度款支付证书，则视为承包人提交的进度款支付申请已被发包人认可，承包人可向发包人发出催告付款的通知。发包人应在收到通知后的 14 天内，按照承包人支付申请的金额向承包人支付进度款。

（12）发包人未按照（9）～（11）的规定支付进度款的，承包人可催告发包人支付，并有权获得延迟支付的利息；发包人在付款期满后的 7 天内仍未支付的，承包人可在付款期满后的第 8 天起暂停施工。发包人应承担由此增加的费用和延误的工期，向承包人支付合理利润，并应承担违约责任。

（13）发现已签发的任何支付证书有错、漏或重复的数额，发包人有权予以修正，承包人也有权提出修正申请。经发、承包双方复核同意修正的，应在本次到期的进度款中支付或扣除。

2.2.8　竣工结算与支付

1. 一般规定

（1）工程完工后，发承包双方必须在合同约定时间内办理工程竣工结算。

（2）工程竣工结算应由承包人或受其委托具有相应资质的工程造价咨询人编制，并应由发包人或受其委托具有相应资质的工程造价咨询人核对。

（3）当发、承包双方或一方对工程造价咨询人出具的竣工结算文件有异议时，可向工程造价管理机构投诉，申请对其进行执业质量鉴定。

（4）工程造价管理机构对投诉的竣工结算文件进行质量鉴定，宜按 2.2.11 节"工程造价鉴定"的相关规定进行。

（5）竣工结算办理完毕，发包人应将竣工结算文件报送工程所在地或有该工程管辖权的行业管理部门的工程造价管理机构备案，竣工结算文件应作为工程竣工验收备案、交付使用的必备文件。

2. 编制与复核

（1）工程竣工结算应根据下列依据编制和复核：

1）《建设工程工程量清单计价规范》（GB 50500—2013）。

2）工程合同。

3）发、承包双方实施过程中已确认的工程量及其结算的合同价款。

4）发、承包双方实施过程中已确认调整后追加（减）的合同价款。

5）建设工程设计文件及相关资料。

6）投标文件。

7）其他依据。

（2）分部分项工程和措施项目中的单价项目应依据发承包双方确认的工程量与已标价工程量清单的综合单价计算；发生调整的，应以发、承包双方确认调整的综合单价计算。

（3）措施项目中的总价项目应依据已标价工程量清单的项目和金额计算；发生调整的，应以发、承包双方确认调整的金额计算，其中安全文明施工费应按 2.2.1 节"一般规定"中第 1 条"计价方式"（5）的规定计算。

（4）其他项目应按下列规定计价：

1）计日工应按发包人实际签证确认的事项计算。

2）暂估价应按 2.2.6 节中第 9 条"暂估价"的规定计算。

3）总承包服务费应依据已标价工程量清单金额计算；发生调整的，应以发、承包双方确认调整的金额计算。

4）索赔费用应依据发、承包双方确认的索赔事项和金额计算。

5）现场签证费用应依据发承包双方签证资料确认的金额计算。

6）暂列金额应减去合同价款调整（包括索赔、现场签证）金额计算，如有余额归发包人。

（5）规费和税金应按 2.2.1 节"一般规定"中第 1 条"计价方式"（6）的规定计算。规费中的工程排污费应按工程所在地环境保护部门规定的标准缴纳后按实列入。

（6）发、承包双方在合同工程实施过程中已经确认的工程计量结果和合同价款，在竣工结算办理中应直接进入结算。

3. 竣工结算

（1）合同工程完工后，承包人应在经发、承包双方确认的合同工程期中价款结算的基础上汇总编制完成竣工结算文件，应在提交竣工验收申请的同时向发包人提交竣工结算文件。

承包人未在合同约定的时间内提交竣工结算文件，经发包人催告后 14 天内仍未提交或没有明确答复的，发包人有权根据已有资料编制竣工结算文件，作为办理竣工结算和支付结算款的依据，承包人应予以认可。

（2）发包人应在收到承包人提交的竣工结算文件后的 28 天内核对。发包人经核实，认为承包人还应进一步补充资料和修改结算文件，应在上述时限内向承包人提出核实意见，承包人在收到核实意见后的 28 天内应按照发包人提出的合理要求补充资料，修改竣工结算文件，并应再次提交给发包人复核后批准。

（3）发包人应在收到承包人再次提交的竣工结算文件后的 28 天内予以复核，将复核结果通知承包人，并应遵守下列规定：

1）发包人、承包人对复核结果无异议的，应在 7 天内在竣工结算文件上签字确认，竣工结算办理完毕。

2）发包人或承包人对复核结果认为有误的，无异议部分按照 1）规定办理不完全竣工结算；有异议部分由发、承包双方协商解决；协商不成的，应按照合同约定的争议解决方式处理。

（4）发包人在收到承包人竣工结算文件后的 28 天内，不核对竣工结算或未提出核对意见的，应视为承包人提交的竣工结算文件已被发包人认可，竣工结算办理完毕。

（5）承包人在收到发包人提出的核实意见后的 28 天内，不确认也未提出异议的，应视为发包人提出的核实意见已被承包人认可，竣工结算办理完毕。

（6）发包人委托工程造价咨询人核对竣工结算的，工程造价咨询人应在 28 天内核对完毕，核对结论与承包人竣工结算文件不一致的，应提交给承包人复核；承包人应在 14 天内将同意核对结论或不同意见的说明提交工程造价咨询人。工程造价咨询人收到承包人提出的异议后，应再次复核，复核无异议的，应按（3）条1）的规定办理，复核后仍有异议的，按（3）条2）的规定办理。

承包人逾期未提出书面异议的，应视为工程造价咨询人核对的竣工结算文件已经承包人认可。

（7）对发包人或发包人委托的工程造价咨询人指派的专业人员与承包人指派的专业人员经核对后无异议并签名确认的竣工结算文件，除非发承包人能提出具体、详细的不同意见，发、承包人都应在竣工结算文件上签名确认，如其中一方拒不签认的，按下列规定办理：

1）若发包人拒不签认的，承包人可不提供竣工验收备案资料，并有权拒绝与发包人或其上级部门委托的工程造价咨询人重新核对竣工结算文件。

2）若承包人拒不签认的，发包人要求办理竣工验收备案的，承包人不得拒绝提供竣工验收资料，否则，由此造成的损失，承包人承担相应责任。

（8）合同工程竣工结算核对完成，发、承包双方签字确认后，发包人不得要求承包人与另一个或多个工程造价咨询人重复核对竣工结算。

（9）发包人对工程质量有异议，拒绝办理工程竣工结算的，已竣工验收或已竣工未验收但实际投入使用的工程，其质量争议应按该工程保修合同执行，竣工结算应按合同约定办理；已竣工未验收且未实际投入使用的工程以及停工、停建工程的质量争议，双方应就有争议的部分委托有资质的检测鉴定机构进行检测，并应根据检测结果确定解决方案，或按工程质量监督机构的处理决定执行后办理竣工结算，无争议部分的竣工结算应按合同约定办理。

4. 结算款支付

（1）承包人应根据办理的竣工结算文件向发包人提交竣工结算款支付申请。申请包括下列内容：

1）竣工结算合同价款总额。

2）累计已实际支付的合同价款。

3）应预留的质量保证金。

4）实际应支付的竣工结算款金额。

（2）发包人应在收到承包人提交竣工结算款支付申请后7天内予以核实，向承包人签发竣工结算支付证书。

（3）发包人签发竣工结算支付证书后的14天内，应按照竣工结算支付证书列明的金额向承包人支付结算款。

（4）发包人在收到承包人提交的竣工结算款支付申请后7天内不予核实，不向承包人签发竣工结算支付证书的，视为承包人的竣工结算款支付申请已被发包人认可；发包人应在收到承包人提交的竣工结算款支付申请7天后的14天内，按照承包人提交的竣工结算款支付申请列明的金额向承包人支付结算款。

（5）发包人未按照（3）、（4）规定支付竣工结算款的，承包人可催告发包人支付，并有权获得延迟支付的利息。发包人在竣工结算支付证书签发后或者在收到承包人提交的竣工结算款支付申请7天后的56天内仍未支付的，除法律另有规定外，承包人可与发包人协商将该工程折价，也可直接向人民法院申请将该工程依法拍卖。承包人应就该工程折价或拍卖的价款优先受偿。

5. 质量保证金

（1）发包人应按照合同约定的质量保证金比例从结算款中预留质量保证金。

（2）承包人未按照合同约定履行属于自身责任的工程缺陷修复义务的，发包人有权从质量保证金中扣除用于缺陷修复的各项支出。经查验，工程缺陷属于发包人原因造成的，应由发包人承担查验和缺陷修复的费用。

（3）在合同约定的缺陷责任期终止后，发包人应按照2.2.8节中第6条"最终结清"的规定，将剩余的质量保证金返还给承包人。

6. 最终结清

（1）缺陷责任期终止后，承包人应按照合同约定向发包人提交最终结清支付申请。发包人对最终结清支付申请有异议的，有权要求承包人进行修正和提供补充资料。承包人修正后，应再次向发包人提交修正后的最终结清支付申请。

（2）发包人应在收到最终结清支付申请后的14天内予以核实，并应向承包人签发最终结清支付证书。

（3）发包人应在签发最终结清支付证书后的 14 天内，按照最终结清支付证书列明的金额向承包人支付最终结清款。

（4）发包人未在约定的时间内核实，又未提出具体意见的，应视为承包人提交的最终结清支付申请已被发包人认可。

（5）发包人未按期最终结清支付的，承包人可催告发包人支付，并有权获得延迟支付的利息。

（6）最终结清时，承包人被预留的质量保证金不足以抵减发包人工程缺陷修复费用的，承包人应承担不足部分的补偿责任。

（7）承包人对发包人支付的最终结清款有异议的，应按照合同约定的争议解决方式处理。

2.2.9　合同解除的价款结算与支付

（1）发、承包双方协商一致解除合同的，应按照达成的协议办理结算和支付合同价款。

（2）由于不可抗力致使合同无法履行解除合同的，发包人应向承包人支付合同解除之日前已完成工程但尚未支付的合同价款，此外，还应支付下列金额：

1）2.2.6 节中第 11 条"提前竣工（赶工补偿）"规定的由发包人承担的费用。

2）已实施或部分实施的措施项目应付价款。

3）承包人为合同工程合理订购且已交付的材料和工程设备货款。

4）承包人撤离现场所需的合理费用，包括员工遣送费和临时工程拆除、施工设备运离现场的费用。

5）承包人为完成合同工程而预期开支的任何合理费用，且该项费用未包括在本款其他各项支付之内。

发、承包双方办理结算合同价款时，应扣除合同解除之日前发包人应向承包人收回的价款。当发包人应扣除的金额超过了应支付的金额，承包人应在合同解除后的 56 天内将其差额退还给发包人。

（3）因承包人违约解除合同的，发包人应暂停向承包人支付任何价款。发包人应在合同解除后 28 天内核实合同解除时承包人已完成的全部合同价款以及按施工进度计划已运至现场的材料和工程设备货款，按合同约定核算承包人应支付的违约金以及造成损失的索赔金额，并将结果通知承包人。发、承包双方应在 28 天内予以确认或提出意见，并应办理结算合同价款。如果发包人应扣除的金额超过了应支付的金额，承包人应在合同解除后的 56 天内将其差额退还给发包人。发、承包双方不能就解除合同后的结算达成一致的，按照合同约定的争议解决方式处理。

（4）因发包人违约解除合同的，发包人除应按照（2）的规定向承包人支付各项价款外，应按合同约定核算发包人应支付的违约金以及给承包人造成损失或损害的索赔金额费用。该笔费用应由承包人提出，发包人核实后应与承包人协商确定后的 7 天内向承包人签发支付证书。协商不能达成一致的，应按照合同约定的争议解决方式处理。

2.2.10　合同价款争议的解决

1. 监理或造价工程师暂定

（1）若发包人和承包人之间就工程质量、进度、价款支付与扣除、工期延期、索赔、价款调整等发生任何法律上、经济上或技术上的争议，首先应根据已签约合同的规定，提交合同约定职责范围内的总监理工程师或造价工程师解决，并应抄送另一方。总监理工程师或造价工程师在收到此提交件后14天内应将暂定结果通知发包人和承包人。发、承包双方对暂定结果认可的，应以书面形式予以确认，暂定结果成为最终决定。

（2）发、承包双方在收到总监理工程师或造价工程师的暂定结果通知之后的14天内未对暂定结果予以确认也未提出不同意见的，应视为发、承包双方已认可该暂定结果。

（3）发、承包双方或一方不同意暂定结果的，应以书面形式向总监理工程师或造价工程师提出，说明自己认为正确的结果，同时抄送另一方，此时该暂定结果成为争议。在暂定结果对发、承包双方当事人履约不产生实质影响的前提下，发、承包双方应实施该结果，直到按照发、承包双方认可的争议解决办法被改变为止。

2. 管理机构的解释或认定

（1）合同价款争议发生后，发、承包双方可就工程计价依据的争议以书面形式提请工程造价管理机构对争议以书面文件进行解释或认定。

（2）工程造价管理机构应在收到申请的10个工作日内就发、承包双方提请的争议问题进行解释或认定。

（3）发、承包双方或一方在收到工程造价管理机构书面解释或认定后仍可按照合同约定的争议解决方式提请仲裁或诉讼。除工程造价管理机构的上级管理部门作出了不同的解释或认定，或在仲裁裁决或法院判决中不予采信的外，工程造价管理机构作出的书面解释或认定应为最终结果，并应对发、承包双方均有约束力。

3. 协商和解

（1）合同价款争议发生后，发、承包双方任何时候都可以进行协商。协商达成一致的，双方应签订书面和解协议，和解协议对发、承包双方均有约束力。

（2）如果协商不能达成一致协议，发包人或承包人都可以按合同约定的其他方式解决争议。

4. 调解

（1）发、承包双方应在合同中约定或在合同签订后共同约定争议调解人，负责双方在合同履行过程中发生争议的调解。

（2）合同履行期间，发、承包双方可协议调换或终止任何调解人，但发包人或承包人都不能单独采取行动。除非双方另有协议，在最终结清支付证书生效后，调解人的任期应即终止。

（3）如果发、承包双方发生了争议，任何一方可将该争议以书面形式提交调解人，并将副本抄送另一方，委托调解人调解。

（4）发、承包双方应按照调解人提出的要求，给调解人提供所需要的资料、现场进入权及相应设施。调解人应被视为不是在进行仲裁人的工作。

（5）调解人应在收到调解委托后28天内或由调解人建议并经发、承包双方认可的其他期限内提出调解书，发、承包双方接受调解书的，经双方签字后作为合同的补充文件，对发、承包双方均具有约束力，双方都应立即遵照执行。

（6）当发、承包双方中任一方对调解人的调解书有异议时，应在收到调解书后28天内向另一方发出异议通知，并应说明争议的事项和理由。但除非并直到调解书在协商和解或仲裁裁决、诉讼判决中作出修改，或合同已经解除，承包人应继续按照合同实施工程。

（7）当调解人已就争议事项向发承包双方提交了调解书，而任一方在收到调解书后 28 天内均未发出表示异议的通知时，调解书对发、承包双方应均具有约束力。

5. 仲裁、诉讼

（1）发、承包双方的协商和解或调解均未达成一致意见，其中的一方已就此争议事项根据合同约定的仲裁协议申请仲裁，应同时通知另一方。

（2）仲裁可在竣工之前或之后进行，但发包人、承包人、调解人各自的义务不得因在工程实施期间进行仲裁而有所改变。当仲裁是在仲裁机构要求停止施工的情况下进行时，承包人应对合同工程采取保护措施，由此增加的费用应由败诉方承担。

（3）在 1~4 的期限之内，暂定或和解协议或调解书已经有约束力的情况下，当发、承包中一方未能遵守暂定或和解协议或调解书时，另一方可在不损害他可能具有的任何其他权利的情况下，将未能遵守暂定或不执行和解协议或调解书达成的事项提交仲裁。

（4）发包人、承包人在履行合同时发生争议，双方不愿和解、调解或者和解、调解不成，又没有达成仲裁协议的，可依法向人民法院提起诉讼。

2.2.11　工程造价鉴定

1. 一般鉴定

（1）在工程合同价款纠纷案件处理中，需作工程造价司法鉴定的，应委托具有相应资质的工程造价咨询人进行。

（2）工程造价咨询人接受委托时提供工程造价司法鉴定服务，应按仲裁、诉讼程序和要求进行，并应符合国家关于司法鉴定的规定。

（3）工程造价咨询人进行工程造价司法鉴定时，应指派专业对口、经验丰富的注册造价工程师承担鉴定工作。

（4）工程造价咨询人应在收到工程造价司法鉴定资料后 10 天内，根据自身专业能力和证据资料判断能否胜任该项委托，如不能，应辞去该项委托。工程造价咨询人不得在鉴定期满后以上述理由不作出鉴定结论，影响案件处理。

（5）接受工程造价司法鉴定委托的工程造价咨询人或造价工程师如是鉴定项目一方当事人的近亲属或代理人、咨询人以及其他关系可能影响鉴定公正的，应当自行回避；未自行回避，鉴定项目委托人以该理由要求其回避的，必须回避。

（6）工程造价咨询人应当依法出庭接受鉴定项目当事人对工程造价司法鉴定意见书的质询。如确因特殊原因无法出庭的，经审理该鉴定项目的仲裁机关或人民法院准许，可以书面形式答复当事人的质询。

2. 取证

（1）工程造价咨询人进行工程造价鉴定工作时，应自行收集以下（但不限于）鉴定资料：

1）适用于鉴定项目的法律、法规、规章、规范性文件以及规范、标准、定额。

2）鉴定项目同时期同类型工程的技术经济指标及其各类要素价格等。

（2）工程造价咨询人收集鉴定项目的鉴定依据时，应向鉴定项目委托人提出具体书面要求，其内容包括：

1）与鉴定项目相关的合同、协议及其附件。

2）相应的施工图纸等技术经济文件。

3）施工过程中的施工组织、质量、工期和造价等工程资料。

4）存在争议的事实及各方当事人的理由。

5）其他有关资料。

（3）工程造价咨询人在鉴定过程中要求鉴定项目当事人对缺陷资料进行补充的，应征得鉴定项目委托人同意，或者协调鉴定项目各方当事人共同签认。

（4）根据鉴定工作需要现场勘验的，工程造价咨询人应提请鉴定项目委托人组织各方当事人对被鉴定项目所涉及的实物标的进行现场勘验。

（5）勘验现场应制作勘验记录、笔录或勘验图表，记录勘验的时间、地点、勘验人、在场人、勘验经过、结果，由勘验人、在场人签名或者盖章确认。绘制的现场图应注明绘制的时间、测绘人姓名、身份等内容。必要时应采取拍照或摄像取证，留下影像资料。

（6）鉴定项目当事人未对现场勘验图表或勘验笔录等签字确认的，工程造价咨询人应提请鉴定项目委托人决定处理意见，并在鉴定意见书中作出表述。

3. 鉴定

（1）工程造价咨询人在鉴定项目合同有效的情况下应根据合同约定进行鉴定，不得任意改变双方合法的合意。

（2）工程造价咨询人在鉴定项目合同无效或合同条款约定不明确的情况下应根据法律法规、相关国家标准和《建设工程工程量清单计价规范》（GB 50500—2013）的规定，选择相应专业工程的计价依据和方法进行鉴定。

（3）工程造价咨询人出具正式鉴定意见书之前，可报请鉴定项目委托人向鉴定项目各方当事人发出鉴定意见书征求意见稿，并指明应书面答复的期限及其不答复的相应法律责任。

（4）工程造价咨询人收到鉴定项目各方当事人对鉴定意见书征求意见稿的书面复函后，应对不同意见认真复核，修改完善后再出具正式鉴定意见书。

（5）工程造价咨询人出具的工程造价鉴定书应包括下列内容：

1）鉴定项目委托人名称、委托鉴定的内容、委托鉴定的证据材料。

2）鉴定的依据及使用的专业技术手段。

3）对鉴定过程的说明。

4）明确的鉴定结论。

5）其他需说明的事宜。

6）工程造价咨询人盖章及注册造价工程师签名盖执业专用章。

（6）工程造价咨询人应在委托鉴定项目的鉴定期限内完成鉴定工作，如确因特殊原因不能在原定期限内完成鉴定工作时，应按照相应法规提前向鉴定项目委托人申请延长鉴定期限，并应在此期限内完成鉴定工作。

经鉴定项目委托人同意等待鉴定项目当事人提交、补充证据的，质证所用的时间不应计入鉴定期限。

（7）对于已经出具的正式鉴定意见书中有部分缺陷的鉴定结论，工程造价咨询人应通过补充鉴定作出补充结论。

2.2.12　工程计价资料与档案

1. 计价资料

（1）发、承包双方应当在合同中约定各自在合同工程中现场管理人员的职责范围，双方现场管理人员在职责范围内签字确认的书面文件是工程计价的有效凭证，但如有其他有效证据或经实证证明其是虚假的除外。

（2）发、承包双方不论在何种场合对与工程计价有关的事项所给予的批准、证明、同意、指令、商定、确定、确认、通知和请求，或表示同意、否定、提出要求和意见等，均应采用书面形式，口头指令不得作为计价凭证。

（3）任何书面文件送达时，应由对方签收，通过邮寄应采用挂号、特快专递传送，或以发、承包双方商定的电子传输方式发送，交付、传送或传输至指定的接收人的地址。如接收人通知了另外地址时，随后通信信息应按新地址发送。

（4）发、承包双方分别向对方发出的任何书面文件，均应将其抄送现场管理人员，如系复印件应加盖合同工程管理机构印章，证明与原件相同。双方现场管理人员向对方所发任何书面文件，也应将其复印件发送给发、承包双方，复印件应加盖合同工程管理机构印章，证明与原件相同。

（5）发、承包双方均应当及时签收另一方送达其指定接收地点的来往信函，拒不签收的，送达信函的一方可以采用特快专递或者公证方式送达，所造成的费用增加（包括被迫采用特殊送达方式所发生的费用）和延误的工期由拒绝签收一方承担。

（6）书面文件和通知不得扣压，一方能够提供证据证明另一方拒绝签收或已送达的，应视为对方已签收并应承担相应责任。

2. 计价档案

（1）发、承包双方以及工程造价咨询人对具有保存价值的各种载体的计价文件，均应收集齐全，整理立卷后归档。

（2）发、承包双方和工程造价咨询人应建立完善的工程计价档案管理制度，并应符合国家和有关部门发布的档案管理相关规定。

（3）工程造价咨询人归档的计价文件，保存期不宜少于五年。

（4）归档的工程计价成果文件应包括纸质原件和电子文件，其他归档文件及依据可为纸质原件、复印件或电子文件。

（5）归档文件应经过分类整理，并应组成符合要求的案卷。

（6）归档可以分阶段进行，也可以在项目竣工结算完成后进行。

（7）向接受单位移交档案时，应编制移交清单，双方应签字、盖章后方可交接。

第3章 建筑工程工程量清单计价编制与实例

3.1 建筑面积计算规则与实例

3.1.1 《建筑工程建筑面积计算规范》简述

为规范工业与民用建筑工程建设全过程的建筑面积计算，统一计算方法，中华人民共和国住房和城乡建设部颁布实施了《建筑工程建筑面积计算规范》（GB/T 50353—2013）（以下简称《建筑面积计算规范》），自2014年7月1日起实施，规范适用于新建、扩建、改建的工业与民用建筑工程建设全过程的建筑面积计算。原《建筑工程建筑面积计算规范》（GB/T 50353—2005）同时废止。

建筑工程的建筑面积计算，除应符合《建筑面积计算规范》外，尚应符合国家现行有关标准的规定。

《建筑面积计算规范》修订的主要技术内容是：

1）增加了建筑物架空层的面积计算规定，取消了深基础架空层。

2）取消了有永久性顶盖的面积计算规定，增加了无围护结构有围护设施的面积计算规定。

3）修订了落地橱窗、门斗、挑廊、走廊、檐廊的面积计算规定。

4）增加了凸（飘）窗的建筑面积计算要求。

5）修订了围护结构不垂直于水平面而超出底板外沿的建筑物的面积计算规定。

6）删除了原室外楼梯强调的有永久性顶盖的面积计算要求。

7）修订了阳台的面积计算规定。

8）修订了外保温层的面积计算规定。

9）修订了设备层、管道层的面积计算规定。

10）增加了门廊的面积计算规定。

11）增加了有顶盖的采光井的面积计算规定。

3.1.2 与建筑面积计算有关的术语

为了准确计算建筑物的建筑面积，《建筑面积计算规范》对相关术语做了明确规定，见表3-1。

表3-1 与建筑面积计算有关的术语

序 号	术 语	释 义
1	自然层	按楼地面结构分层的楼层
2	结构层高	楼面或地面结构层上表面至上部结构层上表面之间的垂直距离
3	围护结构	围合建筑空间的墙体、门、窗

（续）

序　号	术　语	释　义
4	建筑空间	以建筑界面限定的、供人们生活和活动的场所 具备可出入、可利用条件（设计中可能标明了使用用途，也可能没有标明使用用途或使用用途不明确）的围合空间，均属于建筑空间
5	结构净高	楼面或地面结构层上表面至上部结构层下表面之间的垂直距离
6	围护设施	为保障安全而设置的栏杆、栏板等围挡
7	地下室	室内地平面低于室外地平面的高度超过室内净高的 1/2 的房间
8	半地下室	室内地平面低于室外地平面的高度超过室内净高的 1/3，且不超过 1/2 的房间
9	架空层	仅有结构支撑而无外围护结构的开敞空间层
10	走廊	建筑物中的水平交通空间
11	架空走廊	专门设置在建筑物的二层或二层以上，作为不同建筑物之间水平交通的空间
12	结构层	整体结构体系中承重的楼板层，包括板、梁等构件。结构层承受整个楼层的全部荷载，并对楼层的隔声、防火等起主要作用
13	落地橱窗	凸出外墙面且根基落地的橱窗，即在商业建筑临街面设置的下槛落地、可落在室外地坪也可落在室内首层地板，用来展览各种样品的玻璃窗
14	凸窗（飘窗）	凸出建筑物外墙面的窗户 凸窗（飘窗）既作为窗，就有别于楼（地）板的延伸，也就是不能把楼（地）板延伸出去的窗称为凸窗（飘窗）。凸窗（飘窗）的窗台应只是墙面的一部分且距（楼）地面应有一定的高度
15	檐廊	建筑物挑檐下的水平交通空间，即附属于建筑物底层外墙有屋檐作为顶盖，其下部一般有柱或栏杆、栏板等的水平交通空间
16	挑廊	挑出建筑物外墙的水平交通空间
17	门斗	建筑物入口处两道门之间的空间
18	雨篷	建筑物出入口上方、凸出墙面、为遮挡雨水而单独设立的建筑部件。雨篷划分为有柱雨篷（包括独立柱雨篷、多柱雨篷、柱墙混合支撑雨篷、墙支撑雨篷）和无柱雨篷（悬挑雨篷）如凸出建筑物，且不单独设立顶盖，利用上层结构板（如楼板、阳台底板）进行遮挡，则不视为雨篷，不计算建筑面积。对于无柱雨篷，如顶盖高度达到或超过两个楼层时，也不视为雨篷，不计算建筑面积
19	门廊	建筑物入口前有顶棚的半围合空间，即在建筑物出入口，无门、三面或二面有墙，上部有板（或借用上部楼板）围护的部位
20	楼梯	由连续行走的梯级、休息平台和维护安全的栏杆（或栏板）、扶手以及相应的支托结构组成的作为楼层之间垂直交通使用的建筑部件
21	阳台	附设于建筑物外墙，设有栏杆或栏板，可供人活动的室外空间
22	主体结构	接受、承担和传递建设工程所有上部荷载，维持上部结构整体性、稳定性和安全性的有机联系的构造
23	变形缝	在建筑物因温差、不均匀沉降以及地震而可能引起结构破坏变形的敏感部位或其他必要的部位，预先设缝将建筑物断开，令断开后建筑物的各部分成为独立的单元，或者是划分为简单、规则的段，并令各段之间的缝达到一定的宽度，以能够适应变形的需要。根据外界破坏因素的不同，变形缝一般分为伸缩缝、沉降缝、抗震缝三种
24	骑楼	建筑底层沿街面后退且留出公共人行空间的建筑物，即沿街二层以上用承重柱支撑骑跨在公共人行空间之上，其底层沿街面后退的建筑物
25	过街楼	当有道路在建筑群穿过时为保证建筑物之间的功能联系，设置跨越道路上空使两边建筑相连接的建筑物

（续）

序　号	术　语	释　义
26	建筑物通道	为穿过建筑物而设置的空间
27	露台	设置在屋面、首层地面或雨篷上的供人室外活动的有围护设施的平台 露台应满足四个条件：一是位置，设置在屋面、地面或雨篷顶，二是可出入，三是有围护设施，四是无盖，这四个条件须同时满足 　如果设置在首层并有围护设施的平台，且其上层为同体量阳台，则该平台应视为阳台，按阳台的规则计算建筑面积
28	勒脚	在房屋外墙接近地面部位设置的饰面保护构造
29	台阶	联系室内外地坪或同楼层不同标高而设置的阶梯形踏步，即建筑物出入口不同标高地面或同楼层不同标高处设置的供人行走的阶梯式连接构件。室外台阶还包括与建筑物出入口连接处的平台

3.1.3　建筑面积计算规则

1. 计算建筑面积的规定

（1）建筑物的建筑面积应按自然层外墙结构外围水平面积之和计算。结构层高在 2.20m 及以上的，应计算全面积；结构层高在 2.20m 以下的，应计算 1/2 面积。

（2）建筑物内设有局部楼层时，对于局部楼层的二层及以上楼层，有围护结构的应按其围护结构外围水平面积计算，无围护结构的应按其结构底板水平面积计算，且结构层高在 2.20m 及以上的，应计算全面积，结构层高在 2.20m 以下的，应计算 1/2 面积。

建筑物内的局部楼层如图 3-1 所示。

（3）形成建筑空间的坡屋顶，结构净高在 2.10m 及以上的部位应计算全面积；结构净高在 1.20m 及以上至 2.10m 以下的部位应计算 1/2 面积；结构净高在 1.20m 以下的部位不应计算建筑面积。

（4）场馆看台下的建筑空间，结构净高在 2.10m 及以上的部位应计算全面积；结构净高在 1.20m 及以上至 2.10m 以下的部位应计算 1/2 面积；结构净高在 1.20m 以下的部位不应计算建筑面积。室内单独设置的有围护设施的悬挑看台，应按看台

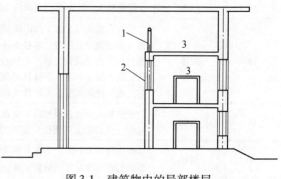

图 3-1　建筑物内的局部楼层
1—围护设施　2—围护结构　3—局部楼层

结构底板水平投影面积计算建筑面积。有顶盖无围护结构的场馆看台应按其顶盖水平投影面积的 1/2 计算面积。

（5）地下室、半地下室应按其结构外围水平面积计算。结构层高在 2.20m 及以上的，应计算全面积；结构层高在 2.20m 以下的，应计算 1/2 面积。

（6）出入口外墙外侧坡道有顶盖的部位，应按其外墙结构外围水平面积的 1/2 计算面积。

出入口坡道分有顶盖出入口坡道和无顶盖出入口坡道，出入口坡道顶盖的挑出长度，为顶盖结构外边线至外墙结构外边线的长度；顶盖以设计图纸为准，对后增加及建设单位自行

增加的顶盖等，不计算建筑面积。顶盖不分材料种类（如钢筋混凝土顶盖、彩钢板顶盖、阳光板顶盖等）。地下室出入口如图 3-2 所示。

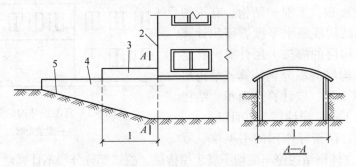

图 3-2　地下室出入口

1—计算 1/2 投影面积部位　2—主体建筑　3—出入口顶盖

4—封闭出入口侧墙　5—出入口坡道

（7）建筑物架空层及坡地建筑物吊脚架空层，应按其顶板水平投影计算建筑面积。结构层高在 2.20m 及以上的，应计算全面积；结构层高在 2.20m 以下的，应计算 1/2 面积。

该条规定既适用于建筑物吊脚架空层、深基础架空层建筑面积的计算，也适用于目前部分住宅、学校教学楼等工程在底层架空或在二楼或以上某个甚至多个楼层架空，作为公共活动、停车、绿化等空间的建筑面积的计算。架空层中有围护结构的建筑空间按相关规定计算。建筑物吊脚架空层如图 3-3 所示。

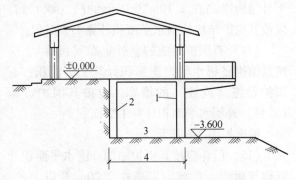

图 3-3　建筑物吊脚架空层

1—柱　2—墙　3—吊脚架空层　4—计算建筑面积部位

（8）建筑物的门厅、大厅应按一层计算建筑面积，门厅、大厅内设置的走廊应按走廊结构底板水平投影面积计算建筑面积。结构层高在 2.20m 及以上的，应计算全面积；结构层高在 2.20m 以下的，应计算 1/2 面积。

（9）对于建筑物间的架空走廊，有顶盖和围护设施的，应按其围护结构外围水平面积计算全面积；无围护结构、有围护设施的，应按其结构底板水平投影面积计算 1/2 面积。

无围护结构的架空走廊如图 3-4 所示，有围护结构的架空走廊如图 3-5 所示。

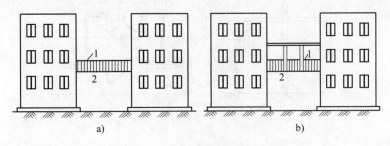

a)　　　　　　　　　b)

图 3-4　无围护结构的架空走廊

1—栏杆　2—架空走廊

（10）对于立体书库、立体仓库、立体车库，有围护结构的，应按其围护结构外围水平面积计算建筑面积；无围护结构、有围护设施的，应按其结构底板水平投影面积计算建筑面积。无结构层的应按一层计算，有结构层的应按其结构层面积分别计算。结构层高在2.20m及以上的，应计算全面积；结构层高在2.20m以下的，应计算1/2面积。

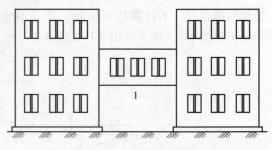

图3-5　有围护结构的架空走廊
1—架空走廊

起局部分隔、存储等作用的书架层、货架层或可升降的立体钢结构停车层均不属于结构层，故该部分分层不计算建筑面积。

（11）有围护结构的舞台灯光控制室，应按其围护结构外围水平面积计算。结构层高在2.20m及以上的，应计算全面积；结构层高在2.20m以下的，应计算1/2面积。

（12）附属在建筑物外墙的落地橱窗，应按其围护结构外围水平面积计算。结构层高在2.20m及以上的，应计算全面积；结构层高在2.20m以下的，应计算1/2面积。

（13）窗台与室内楼地面高差在0.45m以下且结构净高在2.10m及以上的凸（飘）窗，应按其围护结构外围水平面积计算1/2面积。

（14）有围护设施的室外走廊（挑廊），应按其结构底板水平投影面积计算1/2面积；有围护设施（或柱）的檐廊，应按其围护设施（或柱）外围水平面积计算1/2面积。

檐廊如图3-6所示。

（15）门斗应按其围护结构外围水平面积计算建筑面积，且结构层高在2.20m及以上的，应计算全面积；结构层高在2.20m以下的，应计算1/2面积。

门斗如图3-7所示。

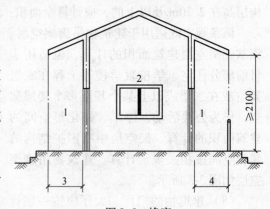

图3-6　檐廊
1—檐廊　2—室内　3—不计算建筑面积部位
4—计算1/2建筑面积部位

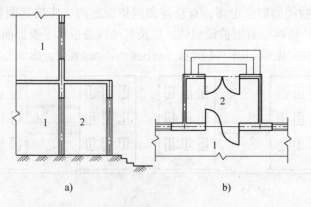

a)　　　　　b)

图3-7　门斗
1—室内　2—门斗

（16）门廊应按其顶板的水平投影面积的 1/2 计算建筑面积；有柱雨篷应按其结构板水平投影面积的 1/2 计算建筑面积；无柱雨篷的结构外边线至外墙结构外边线的宽度在 2.10m 及以上的，应按雨篷结构板的水平投影面积的 1/2 计算建筑面积。

雨篷分为有柱雨篷和无柱雨篷。有柱雨篷，没有出挑宽度的限制，也不受跨越层数的限制，均计算建筑面积。无柱雨篷，其结构板不能跨层，并受出挑宽度的限制，设计出挑宽度大于或等于 2.10m 时才计算建筑面积。出挑宽度，系指雨篷结构外边线至外墙结构外边线的宽度，弧形或异形时，取最大宽度。

（17）设在建筑物顶部的、有围护结构的楼梯间、水箱间、电梯机房等，结构层高在 2.20m 及以上的应计算全面积；结构层高在 2.20m 以下的，应计算 1/2 面积。

（18）围护结构不垂直于水平面的楼层，应按其底板面的外墙外围水平面积计算。结构净高在 2.10m 及以上的部位，应计算全面积；结构净高在 1.20m 及以上至 2.10m 以下的部位，应计算 1/2 面积；结构净高在 1.20m 以下的部位，不应计算建筑面积。

斜围护结构如图 3-8 所示。

（19）建筑物的室内楼梯、电梯井、提物井、管道井、通风排气竖井、烟道，应并入建筑物的自然层计算建筑面积。有顶盖的采光井应按一层计算面积，且结构净高在 2.10m 及以上的，应计算全面积；结构净高在 2.10m 以下的，应计算 1/2 面积。

有顶盖的采光井包括建筑物中的采光井和地下室采光井。地下室采光井如图 3-9 所示。

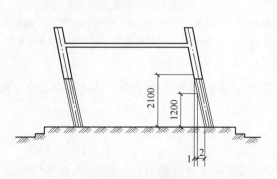

图 3-8　斜围护结构
1—计算 1/2 建筑面积部位　2—不计算建筑面积部位

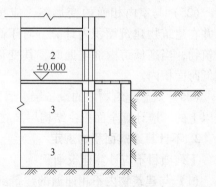

图 3-9　地下室采光井
1—采光井　2—室内　3—地下室

（20）室外楼梯应并入所依附建筑物自然层，并应按其水平投影面积的 1/2 计算建筑面积。

室外楼梯作为连接该建筑物层与层之间交通不可缺少的基本部件，无论从其功能、还是工程计价的要求来说，均需计算建筑面积。层数为室外楼梯所依附的楼层数，即梯段部分投影到建筑物范围的层数。利用室外楼梯下部的建筑空间不得重复计算建筑面积；利用地势砌筑的为室外踏步，不计算建筑面积。

（21）在主体结构内的阳台，应按其结构外围水平面积计算全面积；在主体结构外的阳台，应按其结构底板水平投影面积计算 1/2 面积。

（22）有顶盖无围护结构的车棚、货棚、站台、加油站、收费站等，应按其顶盖水平投影面积的 1/2 计算建筑面积。

（23）以幕墙作为围护结构的建筑物，应按幕墙外边线计算建筑面积。

　　幕墙以其在建筑物中所起的作用和功能来区分，直接作为外墙起围护作用的幕墙，按其外边线计算建筑面积；设置在建筑物墙体外起装饰作用的幕墙，不计算建筑面积。

　　（24）建筑物的外墙外保温层，应按其保温材料的水平截面积计算，并计入自然层建筑面积。

　　建筑物外墙外侧有保温隔热层的，保温隔热层以保温材料的净厚度乘以外墙结构外边线长度按建筑物的自然层计算建筑面积，其外墙外边线长度不扣除门窗和建筑物外已计算建筑面积构件（如阳台、室外走廊、门斗、落地橱窗等部件）所占长度。当建筑物外已计算建筑面积的构件（如阳台、室外走廊、门斗、落地橱窗等部件）有保温隔热层时，其保温隔热层也不再计算建筑面积。外墙是斜面者按楼面楼板处的外墙外边线长度乘以保温材料的净厚度计算。外墙外保温以沿高度方向满铺为准，某层外墙外保温铺设高度未达到全部高度时（不包括阳台、室外走廊、门斗、落地橱窗、雨篷、飘窗等），不计算建筑面积。保温隔热层的建筑面积是以保温隔热材料的厚度来计算的，不包含抹灰层、防潮层、保护层（墙）的厚度。建筑外墙外保温如图3-10所示。

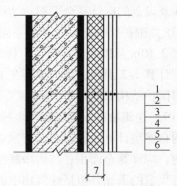

図3-10　建筑外墙外保温
1—墙体　2—粘结胶浆　3—保温材料　4—标准网
5—加强网　6—抹面胶浆　7—计算建筑面积部位

　　（25）与室内相通的变形缝，应按其自然层合并在建筑物建筑面积内计算。对于高低联跨的建筑物，当高低跨内部连通时，其变形缝应计算在低跨面积内。

　　（26）对于建筑物内的设备层、管道层、避难层等有结构层的楼层，结构层高在2.20m及以上的，应计算全面积；结构层高在2.20m以下的，应计算1/2面积。

2. 不计算建筑面积的规定

下列项目不应计算建筑面积：

　　（1）与建筑物内不相连通的建筑部件，指的是依附于建筑物外墙外不与户室开门连通，起装饰作用的敞开式挑台（廊）、平台，以及不与阳台相通的空调室外机搁板（箱）等设备平台部件。

　　（2）骑楼、过街楼底层的开放公共空间和建筑物通道。

　　骑楼如图3-11所示，过街楼如图3-12所示。

図3-11　骑楼
1—骑楼　2—人行道　3—街道

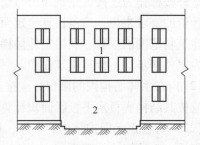

図3-12　过街楼
1—过街楼　2—建筑物通道

（3）舞台及后台悬挂幕布和布景的天桥、挑台等，指的是影剧院的舞台及为舞台服务的可供上人维修、悬挂幕布、布置灯光及布景等搭设的天桥和挑台等构件设施。

（4）露台、露天游泳池、花架、屋顶的水箱及装饰性结构构件。

（5）建筑物内不构成结构层的操作平台、上料平台（包括：工业厂房、搅拌站和料仓等建筑中的设备操作控制平台、上料平台等）、安装箱和罐体的平台。其主要作用为室内构筑物或设备服务的独立上人设施，因此不计算建筑面积。

（6）勒脚、附墙柱、垛、台阶、墙面抹灰、装饰面、镶贴块料面层、装饰性幕墙，主体结构外的空调室外机搁板（箱）、构件、配件，挑出宽度在 2.10m 以下的无柱雨篷和顶盖高度达到或超过两个楼层的无柱雨篷。

附墙柱是指非结构性装饰柱。

（7）窗台与室内地面高差在 0.45m 以下且结构净高在 2.10m 以下的凸（飘）窗，窗台与室内地面高差在 0.45m 及以上的凸（飘）窗。

（8）室外爬梯、室外专用消防钢楼梯。

（9）无围护结构的观光电梯。

（10）建筑物以外的地下人防通道，独立的烟囱、烟道、地沟、油（水）罐、气柜、水塔、储油（水）池、储仓、栈桥等构筑物。

3.1.4　建筑面积计算实例

【例 3-1】　某地有一单层厂房，如图 3-13 所示，已知墙厚均为 240mm，请根据图中给出的已知条件求该单层厂房的建筑面积。

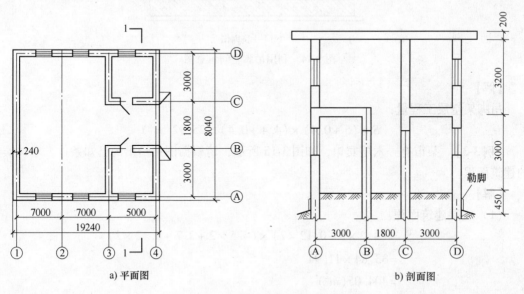

a) 平面图　　　　　　　　　　　　b) 剖面图

图 3-13　单层厂房示意图

【解】

设该单层厂房的建筑面积为 S，底层建筑面积为 S_1，二层建筑面积为 S_2，则：

$$S_1 = 19.24 \times 8.04 = 154.69(\text{m}^2)$$

$$S_2 = (5 + 0.24) \times (3 + 0.24) \times 2 = 33.96 (\text{m}^2)$$

该单层厂房的建筑面积为：

$$S = S_1 + S_2 = 154.69 + 33.96 = 188.65 (\text{m}^2)$$

【例3-2】 某吊脚架空层如图3-14所示，试根据图中给出的已知条件，求该架空层(S)建筑面积。

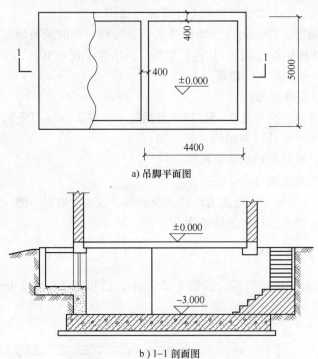

a) 吊脚平面图

b) 1-1 剖面图

图3-14　利用吊脚空间示意图

【解】

吊脚架空层工程量：

$$S = (5 + 0.4) \times (4.4 + 0.4) = 25.92 (\text{m}^2)$$

【例3-3】 某市有一六层宾馆，如图3-15所示，请根据图中给出的已知条件，求该宾馆的建筑面积。

【解】

（1）底层建筑面积

$$S_1 = (4.2 \times 8 + 0.12 \times 2) \times (4.5 \times 2 + 2.7 + 0.12 \times 2)$$
$$= 33.84 \times 11.94$$
$$= 404.05 (\text{m}^2)$$

（2）二层建筑面积

$$S_2 = (4.2 \times 8 + 0.12 \times 2) \times (4.5 \times 2 + 2.7 + 0.12 \times 2) - (4.2 \times 2 - 0.12 \times 2) \times (4.5 - 0.12 \times 2)$$
$$= 33.84 \times 11.94 - 8.16 \times 4.26$$
$$= 404.0496 - 34.7616$$
$$= 369.29 (\text{m}^2)$$

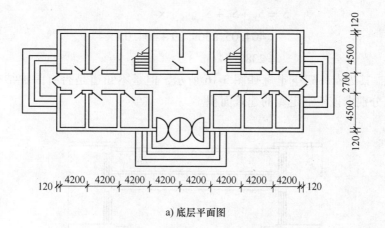

a) 底层平面图

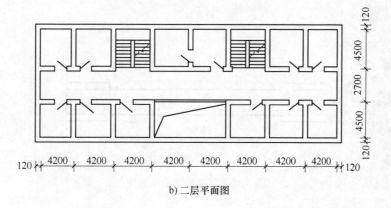

b) 二层平面图

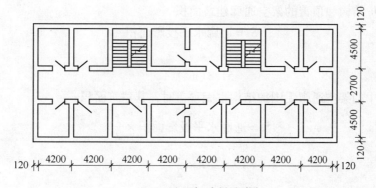

c) 三、四、五、六层平面图

图 3-15　某宾馆示意图

（3）三、四、五、六层建筑面积

$$S_{3、4、5、6} = (4.2 \times 8 + 0.12 \times 2) \times (4.5 \times 2 + 2.7 + 0.12 \times 2)$$
$$= 33.84 \times 11.94$$
$$= 404.05 (m^2)$$

（4）总建筑面积

$$S = S_1 + S_2 + S_{3、4、5、6} \times 4$$
$$= 404.05 + 369.29 + 404.05 \times 4$$
$$= 2389.54(\text{m}^2)$$

【例3-4】　某处有一架空走廊如图 3-16 所示，但是不知道是否有围护结构，因此，请根据不同情况分别求该架空走廊的建筑面积。

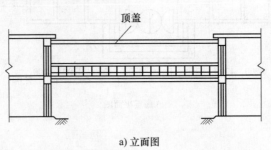

a) 立面图

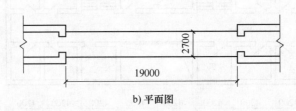

b) 平面图

图 3-16　某架空走廊示意图

【解】

（1）有维护结构和顶盖的架空通廊建筑面积

$$S = \text{通廊水平投影面积}$$
$$= 19 \times 2.7$$
$$= 51.3(\text{m}^2)$$

（2）当图中的架空通廊无围护结构也无顶盖时，其建筑面积

$$S = \text{通廊水平投影面积} \times \frac{1}{2}$$

$$= 19 \times 2.7 \times \frac{1}{2}$$

$$= 25.65(\text{m}^2)$$

【例3-5】　某大学有一图书馆书库，如图 3-17 所示，已知该书库有书架层，试求该图书馆的建筑面积。

【解】

已知阅览室的结构层高为 3.0mm > 2.20mm，因此应计算全面积，则：

$$S = 16 \times 8 \times 5 + [6 \times 8 + 5 \times (16 + 6)] \times 10$$
$$= 640 + (40 + 110) \times 10$$
$$= 2140(\text{m}^2)$$

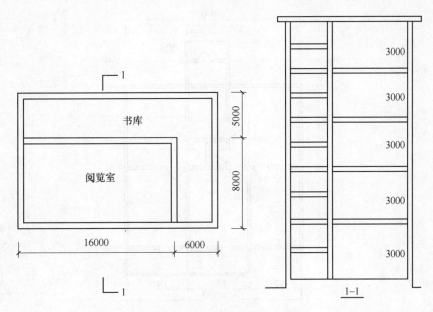

图 3-17　某大学图书馆书库示意图

【例 3-6】　某雨篷建筑如图 3-18 所示，已知雨篷高为 3000mm，请根据图中给出的已知条件，计算该雨篷建筑面积。

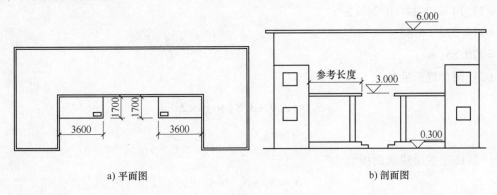

a) 平面图　　　　　　　　　　　　　　b) 剖面图

图 3-18　雨篷

【解】

设雨篷的建筑面积为 S，则：

$$S = 3.6 \times 1.7 \times \frac{1}{2} \times 2$$

$$= 6.12(\mathrm{m}^2)$$

【例 3-7】　某住宅楼底层平面图如图 3-19 所示，已知内、外墙墙厚均为 240mm，雨篷挑出墙外 1.3m，阳台属于结构外阳台。试计算住宅底层建筑面积。

【解】

由于雨篷挑出墙外 1.3m < 2.1m，因此不计算雨篷的建筑面积，而阳台属于结构外阳台，因此计算 1/2 面积。则：

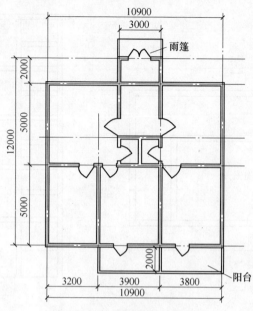

图 3-19　某住宅楼底层平面图

（1）房屋建筑面积

$$S_1 = (3.2 + 3.9 + 3.8 + 0.12 \times 2) \times (5 + 5 + 0.12 \times 2) + (3 + 0.12 \times 2) \times (2 - 0.12 + 0.12)$$

$$= 11.14 \times 10.24 + 3.24 \times 2$$

$$= 114.074 + 6.48$$

$$= 120.55(\mathrm{m}^2)$$

（2）阳台建筑面积

$$S_2 = (3.9 + 3.8) \times \frac{1}{2} \times 2$$

$$= 7.7(\mathrm{m}^2)$$

（3）住宅底层建筑面积

$$S_3 = S_1 + S_2$$

$$= 120.55 + 7.7$$

$$= 128.25(\mathrm{m}^2)$$

【例 3-8】　某学校有一单排柱车棚，求如图 3-20 所示。请根据已知条件求该单排柱车

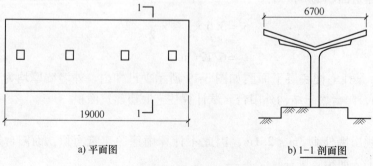

a) 平面图　　　　　　　　　　　　　b) 1—1 剖面图

图 3-20　单排柱车棚

棚的建筑面积。

【解】

设该车棚的建筑面积为 S，由于车棚为有顶盖无维护结构，因此应计算 1/2 面积。则：

$$S = 19 \times 6.7 \times \frac{1}{2}$$

$$= 63.65(\mathrm{m}^2)$$

【例 3-9】　某处有一有通道的建筑物，如图 3-21 所示，已知该建筑物高 14000mm，试计算该工程建筑面积。

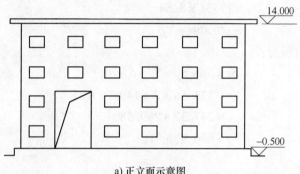

a) 正立面示意图

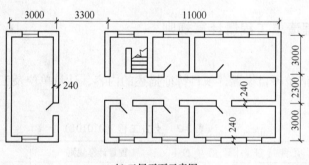

b) 二层平面示意图

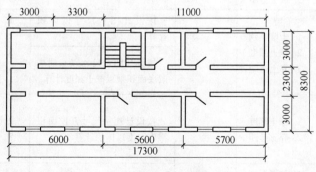

c) 三、四层平面示意图

图 3-21　有通道穿过的建筑物示意图

【解】

设该建筑物的建筑面积为 S，底层建筑面积为 S_1，二层建筑面积为 S_2，三、四层建筑面积分别为 S_3、S_4，由图可知 $S_1 = S_2$，$S_3 = S_4$，则：

$$S_1 = (17.3 + 0.24) \times (8.3 + 0.24) - (3.3 - 0.24) \times (8.3 + 0.24)$$
$$= 17.54 \times 8.54 - 3.06 \times 8.54$$
$$= 149.79 - 26.13$$
$$= 123.66(\mathrm{m}^2)$$

$$S_3 = (17.3 + 0.24) \times (8.3 + 0.24)$$
$$= 17.54 \times 8.54$$
$$= 149.79(\mathrm{m}^2)$$

该建筑物的建筑面积为：

$$S = S_1 + S_2 + S_3 + S_4$$
$$= 123.66 \times 2 + 149.79 \times 2$$
$$= 247.32 + 299.58$$
$$= 546.9(\mathrm{m}^2)$$

3.2 土石方工程工程量清单计价与实例

3.2.1 土石方工程清单工程量计算规则

1. 土方工程

土方工程工程量清单项目设置、项目特征描述的内容、计量单位及工程量计算规则，应按表 3-2 的规定执行。

表 3-2 土方工程（010101）

项目编码	项目名称	项目特征	计量单位	工程量计算规则	工作内容
010101001	平整场地	1. 土壤类别 2. 弃土运距 3. 取土运距	m²	按设计图示尺寸以建筑物首层建筑面积计算	1. 土方挖填 2. 场地找平 3. 运输
010101002	挖一般土方	1. 土壤类别 2. 挖土深度 3. 弃土运距	m³	按设计图示尺寸以体积计算	1. 排地表水 2. 土方开挖 3. 围护（挡土板）及拆除 4. 基底钎探 5. 运输
010101003	挖沟槽土方				
010101004	挖基坑土方			按设计图示尺寸以基础垫层底面积乘以挖土深度计算	
010101005	冻土开挖	1. 冻土厚度 2. 弃土运距		按设计图示尺寸开挖面积乘以厚度以体积计算	1. 爆破 2. 开挖 3. 清理 4. 运输
010101006	挖淤泥、流沙	1. 挖掘深度 2. 弃淤泥、流沙距离		按设计图示位置、界限以体积计算	1. 开挖 2. 运输

（续）

项目编码	项目名称	项目特征	计量单位	工程量计算规则	工作内容
010101007	管沟土方	1. 土壤类别 2. 管外径 3. 挖沟深度 4. 回填要求	1. m 2. m³	1. 以米计量，按设计图示以管道中心线长度计算 2. 以立方米计量，按设计图示管底垫层面积乘以挖土深度计算；无管底垫层按管外径的水平投影面积乘以挖土深度计算。不扣除各类井的长度，井的土方并入	1. 排地表水 2. 土方开挖 3. 围护（挡土板）、支撑 4. 运输 5. 回填

注：1. 挖土方平均厚度应按自然地面测量标高至设计地坪标高间的平均厚度确定。基础土方开挖深度应按基础垫层底表面标高至交付施工场地标高确定，无交付施工场地标高时，应按自然地面标高确定。

　2. 建筑物场地厚度≤±300mm的挖、填、运、找平，应按"土石方工程"中平整场地项目编码列项。厚度>±300mm的竖向布置挖土或山坡切土应按一般土方项目编码列项。

　3. 沟槽、基坑、一般土方的划分为：底宽≤7m且底长>3倍底宽，为沟槽；底长≤3倍底宽，且底面积≤150m²为基坑；超出上述范围则为一般土方。

　4. 挖土方如需截桩头时，应按桩基工程相关项目列项。

　5. 桩间挖土不扣除桩的体积，并在项目特征中加以描述。

　6. 弃、取土运距可以不描述，但应注明由投标人根据施工现场实际情况自行考虑，决定报价。

　7. 土壤的分类应按表3-3确定，如土壤类别不能准确划分时，招标人可注明为综合，由投标人根据地勘报告决定报价。

　8. 土方体积应按挖掘前的天然密实体积计算。非天然密实土方应按表3-4折算。

　9. 挖沟槽、基坑、一般土方因工作面和放坡增加的工程量（管沟工作面增加的工程量）是否并入各土方工程量中，应按各省、自治区、直辖市或行业建设主管部门的规定实施，如并入各土方工程量中，办理工程结算时，按经发包人认可的施工组织设计规定计算，编制工程量清单时，可按表3-5～表3-7规定计算。

　10. 挖土出现流沙、淤泥时，如设计未明确，在编制工程量清单时，其工程数量可为暂估量，结算时应根据实际情况由发包人与承包人双方现场签证确认工程量。

　11. 管沟土方项目适用于管道（给排水、工业、电力、通信）、光（电）缆沟［包括：人（手）孔、接口坑］及连接井（检查井）等。

表3-3　土壤分类表

土壤分类	土壤名称	开挖方法
一、二类土	粉土、砂土（粉砂、细砂、中砂、粗砂、砾砂）、粉质粘土、弱中盐渍土、软土（淤泥质土、泥炭、泥炭质土）、软塑红粘土、冲填土	用锹、少许用镐、条锄开挖。机械能全部直接铲挖满载者
三类土	粘土、碎石土（圆砾、角砾）混合土、可塑红粘土、硬塑红粘土、强盐渍土、素填土、压实填土	主要用镐、条锄、少许用锹开挖。机械需部分刨松方能铲挖满载者或可直接铲挖但不能满载者
四类土	碎石土（卵石、碎石、漂石、块石）、坚硬红粘土、超盐渍土、杂填土	全部用镐、条锄挖掘、少许用撬棍挖掘。机械须普遍刨松方能铲挖满载者

注：本表土的名称及其含义按国家标准《岩土工程勘察规范（2009年版）》（GB 50021—2001）定义。

表3-4　土方体积折算系数表

天然密实度体积	虚方体积	夯实后体积	松填体积
0.77	1.00	0.67	0.83
1.00	1.30	0.87	1.08
1.15	1.50	1.00	1.25
0.92	1.20	0.80	1.00

注：1. 虚方指未经碾压、堆积时间≤1年的土壤。

　2. 本表按《全国统一建筑工程预算工程量计算规则》（GJDGZ-101—1995）整理。

　3. 设计密实度超过规定的，填方体积按工程设计要求执行；无设计要求按各省、自治区、直辖市或行业建设行政主管部门规定的系数执行。

表 3-5　放坡系数表

土 类 别	放坡起点/m	人工挖土	机械挖土		
			在坑内作业	在坑上作业	顺沟槽在坑上作业
一、二类土	1.20	1:0.5	1:0.33	1:0.75	1:0.5
三类土	1.50	1:0.33	1:0.25	1:0.67	1:0.33
四类土	2.00	1:0.25	1:0.10	1:0.33	1:0.25

注：1. 沟槽、基坑中土类别不同时，分别按其放坡起点、放坡系数、依不同土类别厚度加权平均计算。
　　2. 计算放坡时，在交接处的重复工程量不予扣除，原槽、坑作基础垫层时，放坡自垫层上表面开始计算。

表 3-6　基础施工所需工作面宽度计算表

基 础 材 料	每边各增加工作面宽度/mm	基 础 材 料	每边各增加工作面宽度/mm
砖基础	200	混凝土基础支模板	300
浆砌毛石、条石基础	150	基础垂直面做防水层	1000（防水层面）
混凝土基础垫层支模板	300	—	—

注：本表按《全国统一建筑工程预算工程量计算规则》（GJDGZ-101—1995）整理。

表 3-7　管沟施工每侧所需工作面宽度计算表

管道结构宽/mm　　管沟材料	≤500	≤1000	≤2500	>2500
混凝土及钢筋混凝土管道/mm	400	500	600	700
其他材质管道/mm	300	400	500	600

注：1. 本表按《全国统一建筑工程预算工程量计算规则》（GJDGZ-101—1995）整理。
　　2. 管道结构宽：有管座的按基础外缘，无管座的按管道外径。

2. 石方工程

石方工程工程量清单项目设置、项目特征描述的内容、计量单位及工程量计算规则，应按表 3-8 的规定执行。

表 3-8　石方工程（010102）

项目编码	项目名称	项目特征	计量单位	工程量计算规则	工作内容
010102001	挖一般石方			按设计图示尺寸以体积计算	
010102002	挖沟槽石方	1. 岩石类别 2. 开凿深度 3. 弃渣运距	m³	按设计图示尺寸沟槽底面积乘以挖石深度以体积计算	1. 排地表水 2. 凿石 3. 运输
010102003	挖基坑石方			按设计图示尺寸基坑底面积乘以挖石深度以体积计算	
010102004	挖管沟石方	1. 岩石类别 2. 管外径 3. 挖沟深度	1. m 2. m³	1. 以米计量，按设计图示以管道中心线长度计算 2. 以立方米计量，按设计图示截面积乘以长度计算	1. 排地表水 2. 凿石 3. 回填 4. 运输

注：1. 挖石应按自然地面测量标高至设计地坪标高的平均厚度确定。基础石方开挖深度应按基础垫层底表面标高至交付施工现场地标高确定，无交付施工场地标高时，应按自然地面标高确定。
　　2. 厚度 > ±300mm 的竖向布置挖石或山坡凿石应按"土石方工程"中"挖一般石方"项目编码列项。
　　3. 沟槽、基坑、一般石方的划分为：底宽≤7m 且底长 >3 倍底宽为沟槽；底长 <3 倍底宽且底面积≤150m² 为基坑；超出上述范围则为一般石方。
　　4. 弃渣运距可以不描述，但应注明由投标人根据施工现场实际情况自行考虑，决定报价。
　　5. 岩石的分类应按表 3-9 确定。
　　6. 石方体积应按挖掘前的天然密实体积计算。非天然密实石方应按表 3-10 折算。
　　7. 管沟石方项目适用于管道（给排水、工业、电力、通信）、光（电）缆沟［包括：人（手）孔、接口坑］及连接井（检查井）等。

表 3-9　岩石分类表

岩石分类		代表性岩石	开挖方法
极软岩		1. 全风化的各种岩石 2. 各种半成岩	部分用手凿工具、部分用爆破法开挖
软质岩	软岩	1. 强风化的坚硬岩或较硬岩 2. 中等风化-强风化的较软岩 3. 未风化-微风化的页岩、泥岩、泥质砂岩等	用风镐和爆破法开挖
	较软岩	1. 中等风化-强风化的坚硬岩或较硬岩 2. 未风化-微风化的凝灰岩、千枚岩、泥灰岩、砂质泥岩等	用爆破法开挖
硬质岩	较硬岩	1. 微风化的坚硬岩 2. 未风化-微风化的大理岩、板岩、石灰岩、白云岩、钙质砂岩等	用爆破法开挖
	坚硬岩	未风化-微风化的花岗石、闪长岩、辉绿岩、玄武岩、安山岩、片麻岩、石英岩、石英砂岩、硅质砾岩、硅质石灰岩等	用爆破法开挖

注：本表依据国家标准《工程岩体分级标准》（GB 50218—1994）和《岩土工程勘察规范（2009 年版）》（GB 50021—2001）整理。

表 3-10　石方体积折算系数表

石方类别	天然密实度体积	虚方体积	松填体积	码　方
石方	1.0	1.54	1.31	—
块石	1.0	1.75	1.43	1.67
砂夹石	1.0	1.07	0.94	—

注：本表按建设部颁发《爆破工程消耗量定额》（GYD-102—2008）整理。

3. 回填

回填工程工程量清单项目设置、项目特征描述的内容、计量单位及工程量计算规则，应按表 3-11 的规定执行。

表 3-11　回填（编码：010103）

项目编码	项目名称	项目特征	计量单位	工程量计算规则	工作内容
010103001	回填方	1. 密实度要求 2. 填方材料品种 3. 填方粒径要求 4. 填方来源、运距	m³	按设计图示尺寸以体积计算 1. 场地回填：回填面积乘平均回填厚度 2. 室内回填：主墙间面积乘回填厚度，不扣除间隔墙 3. 基础回填：按挖方清单项目工程量项目工程量减去自然地坪以下埋设的基础体积（包括基础垫层及其他构筑物）	1. 运输 2. 回填 3. 压实
010103002	余方弃置	1. 废弃料品种 2. 运距		按挖方清单项目工程量减利用回填方体积（正数）计算	余方点装料运输至弃置点

注：1. 填方密实度要求，在无特殊要求情况下，项目特征可描述为满足设计和规范的要求。
2. 填方材料品种可以不描述，但应注明由投标人根据设计要求验方后方可填入，并符合相关工程的质量规范要求。
3. 填方粒径要求，在无特殊要求情况下，项目特征可以不描述。
4. 如需买土回填应在项目特征填方来源中描述，并注明买土方数量。

3.2.2　土石方工程工程量计算方法

1. 大型土（石）方工程工程量计算方法

（1）大型土（石）方工程工程量横截面计算法

大型土（石）方工程工程量横截面计算法适用于地形起伏变化较大或形状狭长地带。

　　首先，根据地形图及总平面图，将要计算的场地划分成若干个横截面，相邻两个横截面距离视地形变化而定。在起伏变化大的地段，布置密一些，反之则长一些。遇到变化大的地段再加测断面，然后，实测每个横截面特征点的标高，量出各点之间距离（若测区已有比较精确的大比例尺地形图，也可在图上设置横截面，用比例尺直接量取距离，按等高线求算高程，方法简捷，但就其精度没有实测的高），按比例尺把每个横截面绘制到厘米方格纸上，并套上相应的设计断面，则自然地面和设计地面两轮廓线之间的部分，即为需计算的施工部分。具体计算步骤：

　　1）划分横截面。根据地形图（或直接测量）及竖向布置图，将要计算的场地划分横截面 $A-A'$，$B-B'$，$C-C'$…划分原则为取垂直等高线或垂直主要建筑物边长，横截面之间的间距可不等，地形变化复杂的间距宜小，反之宜大一些，但不宜超过 100m。

　　2）画截面图形。按比例画制每个横截面自然地面和设计地面的轮廓线。设计地面轮廓线之间的部分，即为填方和挖方的截面。

　　3）计算横截面面积。按表 3-12 的面积计算公式，计算每个截面的填方或挖方截面积。

表 3-12　常用横截面计算公式

序　号	图　　示	面积计算公式
1		$F = h(b + nh)$
2		$F = h\left[b + \dfrac{h(m+n)}{2} \right]$
3		$F = b\dfrac{h_1 + h_2}{2} + nh_1 h_2$
4		$F = h_1\dfrac{a_1 + a_2}{2} + h_2\dfrac{a_2 + a_3}{2} + h_3\dfrac{a_3 + a_4}{2} + h_4\dfrac{a_4 + a_5}{2}$
5		$F = \dfrac{a}{2}(h_0 + 2h + h_n)$ $h = h_1 + h_2 + h_3 + h_4 + \cdots + h_n$

　　4）根据截面面积计算土方量。

$$V = \frac{1}{2}(F_1 + F_2) \times L \tag{3-1}$$

式中　V——相邻两截面间的土方量（m^3）；

　　F_1、F_2——相邻两截面的挖（填）方截面面积（m^2）；

　　　L——相邻两截面间的间距（m）。

　　（2）大型土（石）方工程工程量方格网计算法

　　1）根据需要平整区域的地形图（或直接测量地形）画分方格网。方格的大小视地形变化的复杂程度及计算要求的精度不同而异，一般方格的大小为 20m × 20m（也可 10m ×

10m）。然后按设计（总图或竖向布置图），在方格网上套画出方格角点的设计标高（即施工后需达到的高度）和自然标高（原地形高度）。设计标高与自然标高之差即为施工高度，"－"表示挖方，"＋"表示填方。

2）当方格内相邻两角一角为填方、一角为挖方时，则按比例分配计算出两角之间不挖不填的"零"点位置，并标于方格边上。再将各"零"点用直线连起来，就可将建筑场地划分为填、挖方区。

3）土石方工程量的计算公式可参照表 3-13 进行。如遇陡坡等突然变化起伏地段，由于高低悬殊，需视具体情况另行补充计算。

表 3-13　方格网点常用计算公式

序　号	图　示	计　算　方　法
1		方格内四角全为挖方或填方：$$V = \frac{a^2}{4}(h_1 + h_2 + h_3 + h_4)$$
2		三角锥体，当三角锥体全为挖方或填方：$$F = \frac{a^2}{2} \qquad V = \frac{a^2}{6}(h_1 + h_2 + h_3)$$
3		方格网内，一对角线为零线，另两角点一为挖方一为填方：$$F_挖 = F_填 = \frac{a^2}{2} \qquad V_挖 = \frac{a^2}{6}h_1 \qquad V_填 = \frac{a^2}{6}h_2$$
4		方格网内，三角为挖（填）方，一角为填（挖）方：$$b = \frac{ah_4}{h_1 + h_4} \qquad c = \frac{ah_4}{h_3 + h_4}$$ $$F_填 = \frac{1}{2}bc \qquad F_挖 = a^2 - \frac{1}{2}bc$$ $$V_填 = \frac{h_4}{6}bc = \frac{a^2 h_4^3}{6(h_1 + h_4)(h_3 + h_4)}$$ $$V_挖 = \frac{a^2}{6} - (2h_1 + h_2 + 2h_3 - h_4) + V_填$$
5		方格网内，两角为挖方，两角为填方：$$b = \frac{ah_1}{h_1 + h_4} \qquad c = \frac{ah_2}{h_2 + h_3} \qquad d = a - b \qquad c = a - e$$ $$F_挖 = \frac{1}{2}(b + c)a \qquad F_填 = \frac{1}{2}(d + e)a$$ $$V_挖 = \frac{a}{4}(h_1 + h_2)\frac{b + c}{2} = \frac{a}{8}(b + c)(h_1 + h_2)$$ $$V_填 = \frac{a}{4}(h_3 + h_4)\frac{d + e}{2} = \frac{a}{8}(d + e)(h_3 + h_4)$$

4）将挖方区、填方区所有方格计算出的工程量列表汇总，即得建筑场地的土石挖方、填方工程总量。

2. 挖沟槽土石方工程量计算

（1）外墙沟槽 $$V_挖 = S_断 \times L_{外中}$$

（2）内墙沟槽　　　　　　　$V_{挖} = S_{断} \times L_{基底净长}$

（3）管道沟槽　　　　　　　$V_{挖} = S_{断} \times L_{中}$

（4）沟槽断面有如下形式

1）钢筋混凝土基础有垫层时

① 两面放坡如图 3-22a：

$$S_{断} = (b + 2c + mh) \times h + (b' + 2 \times 0.1) \times h' \qquad (3\text{-}2)$$

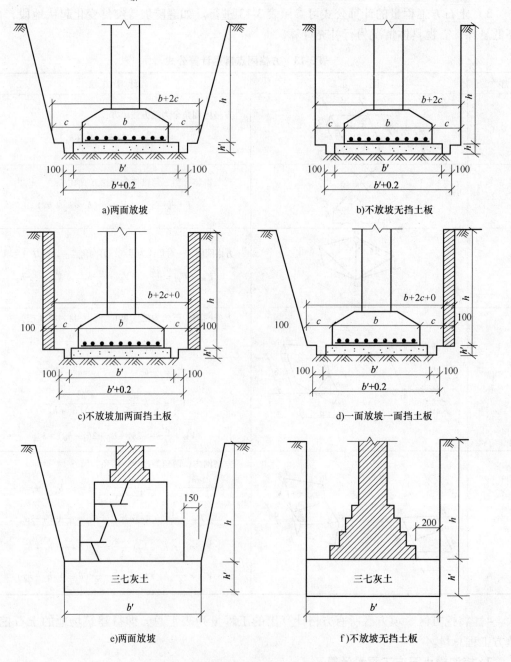

a)两面放坡　　　　　　　　　　　　b)不放坡无挡土板

c)不放坡加两面挡土板　　　　　　　d)一面放坡一面挡土板

e)两面放坡　　　　　　　　　　　　f)不放坡无挡土板

图 3-22　基础有垫层时沟槽断面示意图

② 不放坡无挡土板如图 3-22b：

$$S_{断} = (b + 2c) \times h + (b' + 2 \times 0.1) \times h' \tag{3-3}$$

③ 不放坡加两面挡土板如图 3-22c：

$$S_{断} = (b + 2c + 2 \times 0.1) \times h + (b' + 2 \times 0.1) \times h' \tag{3-4}$$

④ 一面放坡一面挡土板如图 3-22d：

$$S_{断} = (b + 2c + 0.1 + 0.5mh) \times h + (b' + 2 \times 0.1) \times h' \tag{3-5}$$

2）基础有其他垫层时

① 两面放坡如图 3-22e：

$$S_{断} = (b' + mh) \times h + b' \times h' \tag{3-6}$$

② 不放坡无挡土板如图 3-22f：

$$S_{断} = b' \times (h + h') \tag{3-7}$$

3）基础无垫层时

① 两面放坡如图 3-23a：

$$S_{断} = [(b + 2c) + mh] \times h \tag{3-8}$$

② 不放坡无挡土板如图 3-23b：

$$S_{断} = (b + 2c)h \tag{3-9}$$

③ 不放坡加两面挡土板如图 3-23c：

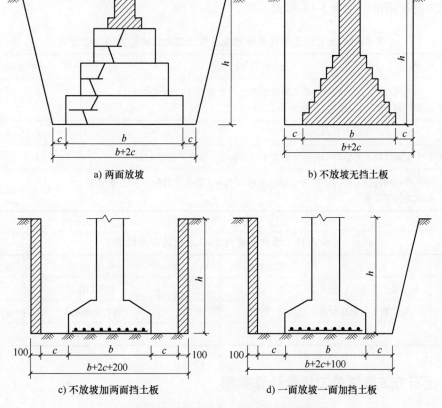

a）两面放坡　　　　　　　　　　b）不放坡无挡土板

c）不放坡加两面挡土板　　　　　　d）一面放坡一面加挡土板

图 3-23　基础无垫层时沟槽断面示意图

$$S_{断} = (b + 2c + 2 \times 0.1)h \tag{3-10}$$

④ 一面放坡一面加挡土板如图 3-23d：

$$S_{断} = (b + 2c + 0.1 + 0.5mh)h \tag{3-11}$$

式中　$S_{断}$——沟槽断面面积（m^2）；

m——放坡系数；

c——工作面宽度（m）；

h——从室外设计地面至基础底深度，即垫层上基槽开挖深度（m）；

b——基础底面宽度（m）。

3. 边坡土方工程量计算

为了保持土体的稳定和施工安全，挖方和填方周边都应修筑适当的边坡。当边坡高度 h 为已知时，所需边坡底宽 b 即等于 mh（m 为坡度系数）。若边坡高度较大，可在满足土体稳定的条件下，根据不同的土层及其所受的压力，将边坡修成折线形，如图 3-24 所示，以减小土方工程量。

边坡的坡度系数（边坡宽度：边坡高度）根据不同的填挖高度（深度）、土的物理性质和工程重要性，在设计文件中有明确的规定。常用的挖方边坡坡度和填方高度限值，见表 3-14 和表 3-15。

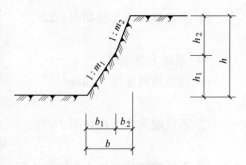

图 3-24　土体边坡表示方法

表 3-14　水文地质条件良好时永久性土工构筑物挖方的边坡坡度

项　次	挖　方　性　质	边 坡 坡 度
1	在天然湿度、层理均匀、不易膨胀的黏土、粉质黏土、粉土和砂土（不包括细砂和粉砂）内挖方，深度不超过3m	1：1～1：1.25
2	土质同上，深度为 3～12m	1：1.25～1：1.50
3	干燥地区内土质结构未经破坏的黄土及类黄土，深度不超过12m	1：0.1～1：1.25
4	在碎石和泥灰岩石内的挖方，深度不超过12m，根据土的性质、层理特性和挖方的深度确定	1：0.5～1：1.5

表 3-15　填方边坡为 1：1.5 时的高度限值

项　次	土 的 种 类	填方高度/m	项　次	土 的 种 类	填方高度/m
1	黏土类土、黄土、类黄土	6	4	中砂和粗砂	10
2	粉质黏土、泥灰岩石	6～7	5	砾石和碎石土	10～12
3	粉土	6～8	6	易风化的岩石	12

3.2.3　土石方工程清单工程量计算实例

【例 3-10】 图 3-25 为一建设场地土石方方格图，方格边长 $a = 8m$，各角点上方括号内的数字及下方数字分别为设计标高和实测标高，二类土。试计算该场地土方量。

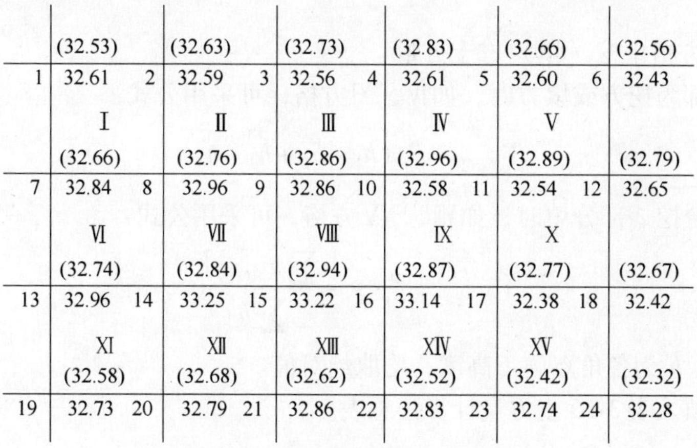

(32.53) (32.63) (32.73) (32.83) (32.66) (32.56)
1 32.61 2 32.59 3 32.56 4 32.61 5 32.60 6 32.43
Ⅰ Ⅱ Ⅲ Ⅳ Ⅴ
(32.66) (32.76) (32.86) (32.96) (32.89) (32.79)
7 32.84 8 32.96 9 32.86 10 32.58 11 32.54 12 32.65
Ⅵ Ⅶ Ⅷ Ⅸ Ⅹ
(32.74) (32.84) (32.94) (32.87) (32.77) (32.67)
13 32.96 14 33.25 15 33.22 16 33.14 17 32.38 18 32.42
Ⅺ Ⅻ XIII XIV XV
(32.58) (32.68) (32.62) (32.52) (32.42) (32.32)
19 32.73 20 32.79 21 32.86 22 32.83 23 32.74 24 32.28

图 3-25　某场地计算土石方方格图

【解】

（1）先计算施工高度

施工高度 = 实测标高 − 设计标高

正号表示该角点需挖土，负号表示该角点需填土。

将计算出的施工高程记在各角点左上角，如图 3-26 所示。

+0.08 −0.04 −0.17 −0.22 −0.06 −0.13
1 6.67 2 3 4 5 6
Ⅰ 8.33 Ⅱ Ⅲ Ⅳ Ⅴ
+0.18 +0.20 0 −0.38 −0.35 −0.14
7 8 9 10 442 11 12
Ⅵ Ⅶ Ⅷ Ⅸ Ⅹ
+0.22 +0.41 +0.28 +0.27 −0.39 −0.25
13 14 15 16 4.09 17 18
Ⅺ Ⅻ XIII XIV XV −0.04
+0.15 +0.11 +0.24 +0.31 +0.32 5.19
19 20 21 22 23 9.13 24

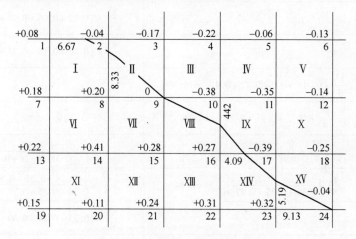

图 3-26　某场地计算土方工程量图

（2）求零点，画零线

在图 3-26 中，寻找方格图中正负号不一致的相邻角点。其间的方格线上必有零点，在 1-2，2-8，2-9，10-16，16-17，17-23，23-24 这些线上求零点。

$i-j$ 线的零点距 i 角点的距离为：

$$x = \frac{|h_i|}{|h_i| + |h_j|} \times \alpha$$

式中　h_i，h_j——为 i、j 角点施工高程。

具体结果标在图 3-26 中。连接相邻零点的折线即为零线（零线上方为填方区，下方为挖方区）。

（3）计算各方格中挖（填）方土方量

当四角点全部为挖方或填方时，如Ⅳ、Ⅺ方格，可采用公式：

$$V_{填(挖)} = \frac{a^2}{4}(h_1 + h_2 + h_3 + h_4)$$

当四角点部分挖、部分填时，如Ⅷ、ⅩⅤ方格，可采用公式：

$$V_{填(挖)} = \frac{a^2}{4} \times \frac{\left[\sum h_{填(挖)}\right]^2}{\sum h}$$

以上两式中，h_i 为各角点施工高度，均取绝对值。

将计算结果填入表 3-16 土方量计算汇总表。

表 3-16　土方量计算汇总表

方格编号	挖方/m³	填方/m³
Ⅰ	$8 \times 8 \times (0.08 + 0.18 + 0.2)^2 / 4 \times 0.5 = 11.14$	$\dfrac{8^2}{4} \times \dfrac{0.04^2}{0.08 + 0.04 + 0.18 + 0.2} = 0.05$
Ⅱ	$\dfrac{8^2}{4} \times \dfrac{0.2^2}{0.04 + 0.17 + 0.2} = 1.56$	$\dfrac{8^2}{4} \times \dfrac{(0.04 + 0.17)^2}{0.04 + 0.17 + 0.2} = 1.72$
Ⅲ		$\dfrac{8^2}{4} \times (0.17 + 0.22 + 0.38) = 12.32$
Ⅳ		$\dfrac{8^2}{4} \times (0.22 + 0.06 + 0.38 + 0.35) = 16.16$
Ⅴ		$\dfrac{8^2}{4} \times (0.06 + 0.13 + 0.35 + 0.14) = 10.88$
Ⅵ	$\dfrac{8^2}{4} \times (0.18 + 0.2 + 0.22 + 0.41) = 16.16$	
Ⅶ	$\dfrac{8^2}{4} \times (0.2 + 0.41 + 0.28) = 14.24$	
Ⅷ	$\dfrac{8^2}{4} \times \dfrac{(0.28 + 0.27)^2}{0.38 + 0.28 + 0.27} = 5.2$	$\dfrac{8^2}{4} \times \dfrac{0.38^2}{0.38 + 0.28 + 0.27} = 2.48$
Ⅸ	$\dfrac{8^2}{4} \times \dfrac{0.27^2}{0.38 + 0.35 + 0.27 + 0.39} = 0.84$	$\dfrac{8^2}{4} \times \dfrac{(0.38 + 0.35 + 0.39)^2}{0.38 + 0.35 + 0.27 + 0.39} = 14.44$
Ⅹ		$\dfrac{8^2}{4} \times (0.35 + 0.14 + 0.39 + 0.25) = 18.08$
Ⅺ	$\dfrac{8^2}{4} \times (0.22 + 0.41 + 0.15 + 0.11) = 14.24$	
Ⅻ	$\dfrac{8^2}{4} \times (0.41 + 0.28 + 0.11 + 0.24) = 16.64$	
ⅩⅢ	$\dfrac{8^2}{4} \times (0.28 + 0.27 + 0.24 + 0.31) = 17.6$	
ⅩⅣ	$\dfrac{8^2}{4} \times \dfrac{(0.27 + 0.31 + 0.32)^2}{0.27 + 0.39 + 0.31 + 0.32} = 10.05$	$\dfrac{8^2}{4} \times \dfrac{0.39^2}{0.27 + 0.39 + 0.31 + 0.32} = 1.89$
ⅩⅤ	$\dfrac{8^2}{4} \times \dfrac{0.32^2}{0.39 + 0.25 + 0.32 + 0.04} = 1.64$	$\dfrac{8^2}{4} \times \dfrac{(0.39 + 0.25 + 0.04)^2}{0.39 + 0.25 + 0.32 + 0.04} = 7.40$
合计	109.31	85.42

余土外运量：109.31 - 85.42 = 23.89(m³)

清单工程量计算见表 3-17。

表 3-17　清单工程量计算表（例 3-10）

序　号	项目编码	项目名称	项目特征描述	工程量合计	计量单位
1	010101004001	挖基坑土方	土壤类别：二类土	109.31	m³
2	010103001001	回填方	密实度要求：夯填	85.42	m³

【例 3-11】　某施工场地，长 40m，地形断面如图 3-27 所示，并假定在全长范围内断面形状不变。要求用断面法计算挖土方工程量。

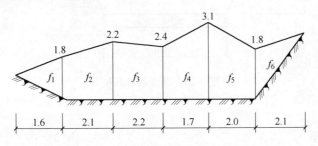

图 3-27　某施工场地地形断面示意图

【解】

根据算出的横截面面积按下式计算土方量：

$$V = \frac{A_1 + A_2}{2} \times S$$

式中　V——相邻两横截面间的土方量（m³）；

　A_1、A_2——相邻两横截面挖或填的截面面积（m²）；

　S——相邻两横截面的间距（m）。

则有：

$$f_1 = \frac{1.8 \times 1.6}{2} = 1.44(\text{m}^2)$$

$$f_2 = \frac{(1.8 + 2.2) \times 2.1}{2} = 4.2(\text{m}^2)$$

$$f_3 = \frac{(2.2 + 2.4) \times 2.2}{2} = 5.06(\text{m}^2)$$

$$f_4 = \frac{(2.4 + 3.1) \times 1.7}{2} = 4.675(\text{m}^2)$$

$$f_5 = \frac{(3.1 + 1.8) \times 2.0}{2} = 4.9(\text{m}^2)$$

$$f_6 = \frac{1.8 \times 2.1}{2} = 1.89(\text{m}^2)$$

$$V_{挖} = 40 \times (1.44 + 4.2 + 5.06 + 4.675 + 4.9 + 1.89)$$

$$= 40 \times 22.17$$

$$= 886.8(\text{m}^3)$$

【例 3-12】　某构筑物基础为满堂基础，如图 3-28 所示，基础垫层为素混凝土，长、宽方向的外边线尺寸为 7.84m 和 5.64m，垫层厚 20cm，垫层顶面标高为 -4.55m，室外地面标高为 -0.65m，地下常水位标高为 -3.50m，该处土壤类别为三类土，人工挖土。试计算挖土方工程量。

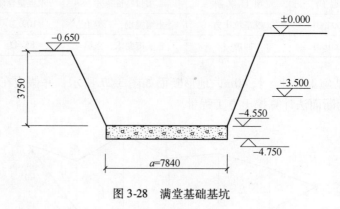

图 3-28　满堂基础基坑

【解】

（1）挖干湿土量

$$V_1 = 7.84 \times 3.75 \times 5.64$$
$$= 165.82(\text{m}^3)$$

（2）挖湿土量

$$V_2 = 7.84 \times 5.64 \times 1.05$$
$$= 46.43(\text{m}^3)$$

（3）挖干土量

$$V_3 = V_1 - V_2$$
$$= 165.82 - 46.43$$
$$= 119.39(\text{m}^3)$$

清单工程量计算见表 3-18。

表 3-18　清单工程量计算表（例 3-12）

序　号	项目编码	项目名称	项目特征描述	工程量合计	计 量 单 位
1	010101004001	挖基坑土方	1. 土壤类别：三类土 2. 挖土深度：湿土深度 1.05m	46.43	m³
2	010101004002	挖基坑土方	1. 土壤类别：三类土 2. 挖土深度：干土深度 2.85m	119.39	m³

【例 3-13】　由于工程需要，人工挖如图 3-29 所示的地坑，土方运至 2000m 远处另作他用。后采用 100kW 的推土机从 60m 处推土方平整，试求工程量（四类土）。

【解】

（1）挖一般土方

$$V = 4.2 \times 5.36 \times 1.68$$
$$= 37.82(\text{m}^3)$$

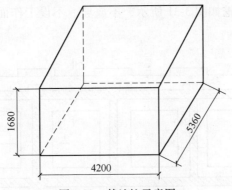

图 3-29　某地坑示意图

（2）平整场地

$$S = 4.2 \times 5.36$$
$$= 22.51(\text{m}^2)$$

清单工程量计算见表 3-19。

表 3-19　清单工程量计算表（例 3-13）

序　号	项目编码	项目名称	项目特征描述	工程量合计	计量单位
1	010101002001	挖一般土方	1. 土壤类别：四类土 2. 挖土深度：1.68m 3. 弃土运距：2000m	37.82	m³
2	010101001001	平整场地	1. 土壤类别：四类土 2. 取土运距：60m	22.51	m²

【例 3-14】　设采用斗容量为 0.6m³ 的液压挖掘机开挖一圆形地坑，如图 3-30 所示，土质类别为四类土，采用坑内放坡开挖，平均挖深为 2.3m，求挖土方工程量（$K = 0.75$）。

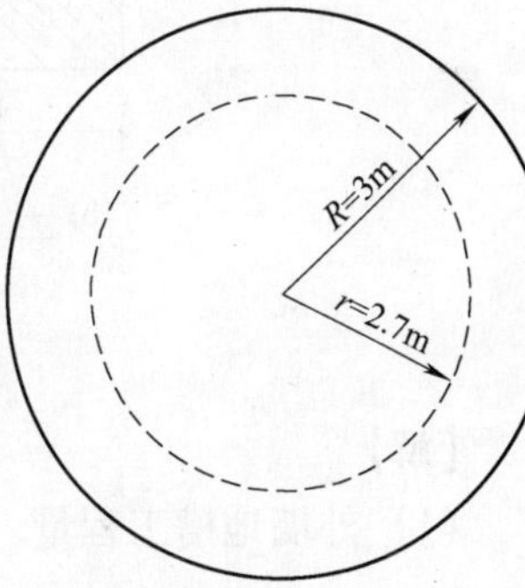

【解】

（1）圆形地坑底面积

$$S = \pi R^2$$
$$= 3.14 \times 2.7^2$$
$$= 22.89 \ (\text{m}^2)$$

（2）平均挖土深度 $H = 2.3$m

（3）挖基础土方工程量

图 3-30　圆形地坑平面图

$$V = S \times H$$
$$= 22.89 \times 2.3$$
$$= 52.65 \ (\text{m}^3)$$

清单工程量计算见表 3-20。

表 3-20　清单工程量计算表（例 3-14）

序　号	项目编码	项目名称	项目特征描述	工程量合计	计量单位
1	010101004001	挖基坑土方	1. 土壤类别：四类土 2. 挖土深度：2.3m	52.65	m³

【例 3-15】 某地槽开挖如图 3-31 所示，不放坡，不设工作面，土壤类别为三类土。试计算其工程量。

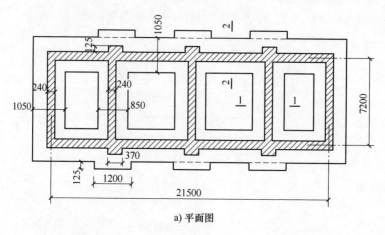

a) 平面图

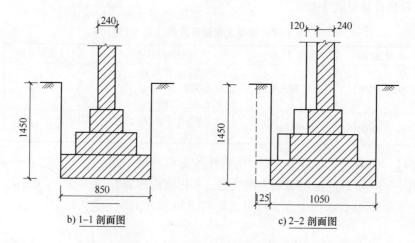

b) 1—1 剖面图　　　　　c) 2—2 剖面图

图 3-31　挖地槽工程量计算示意图

【解】

（1）外墙地槽工程量

$$V_1 = 1.05 \times 1.45 \times (21.5 + 7.2) \times 2$$
$$= 1.5225 \times 57.4$$
$$= 87.39 (\mathrm{m}^3)$$

（2）内墙地槽工程量

$$V_2 = 0.85 \times 1.45 \times (7.2 - 1.05) \times 3$$
$$= 1.2325 \times 18.45$$
$$= 22.74 (\mathrm{m}^3)$$

（3）附垛地槽工程量

$$V_3 = 0.125 \times 1.45 \times 1.2 \times 6$$
$$= 1.31 (\mathrm{m}^3)$$

（4）总的工程量

$$V = V_1 + V_2 + V_3$$
$$= 87.39 + 22.74 + 1.31$$
$$= 111.44(m^3)$$

清单工程量计算见表 3-21。

表 3-21　清单工程量计算表（例 3-15）

序　号	项目编码	项目名称	项目特征描述	工程量合计	计量单位
1	010101003001	挖沟槽土方	1. 土壤类别：三类土 2. 挖土深度：1.45m	87.39	m³
2	010101003002	挖沟槽土方	1. 土壤类别：三类土 2. 挖土深度：1.45m	22.74	m³

【例 3-16】　某工程总体情况如下：

（1）设计说明

1）某工程建筑施工图（平面图、立面图、剖面图）如图 3-32 所示。

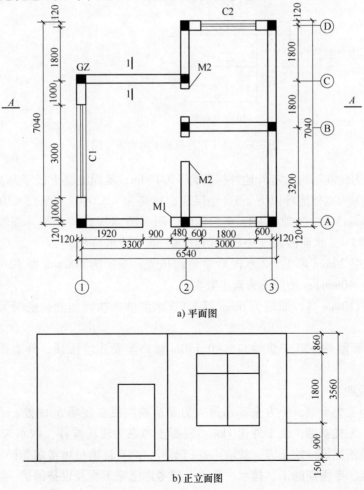

a) 平面图

b) 正立面图

图 3-32　某工程建筑施工示意图

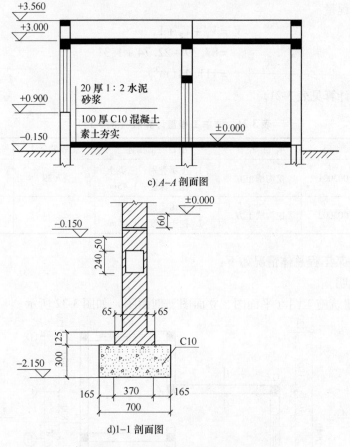

图 3-32　某工程建筑施工示意图（续）

2）该工程为砖混结构，室外地坪标高为 - 0.150m，屋面混凝土板厚为 100mm。

3）基础埋深为室外地坪以下 2m（垫层底面标高为 - 2.000）；垫层 C10 为混凝土（中砂，砾石 5 ~ 40mm）；砖基础为 M15 页岩标砖，用 M10 水泥砂浆砌筑（细纱）：在 - 0.06m 处设置 20mm 厚 1：2 水泥砂浆（中砂）防潮层一道（防水粉 5%）。

4）地面面层 20mm 厚 1：2 水泥砂浆地面压光；垫层为 100mm 厚 C10 素混凝土垫层（中砂，砾石 5 ~ 40mm）；垫层下为素土夯实。

5）踢脚线 120mm 高，面层为 6mm 厚 1：2 水泥砂浆抹面压光；底层为 20mm 厚 1：3 水泥砂浆。

6）外墙表面做外保温（浆料），- 0.150m 标高至女儿墙压顶，外墙面胶粉聚苯颗粒 30mm 厚。

（2）施工说明

土壤类别为三类土壤，土方全部通过人力车运输堆放在现场 50m 处，人工回填，均为天然密实土壤，无桩基础，余土外运 1km。混凝土考虑为现场搅拌，散水未考虑土方挖填，混凝土垫层非原槽浇捣，挖土方、放坡不支挡土板，垂直运输机械考虑卷扬机，不考虑夜间施工、二次搬运、冬雨期施工、排水、降水，要考虑已完工程及设备保护。

试计算该工程平整场地、挖沟槽土方、回填土、余方弃置的工程量。

【解】

（1）建筑面积

$$S = (6.54 + 0.03 \times 2) \times (7.04 + 0.03 \times 2) - 3.3 \times 1.8$$
$$= 40.92(\text{m}^2)$$

（2）平整场地

$$S_{平} = 40.92(\text{m}^2)$$

（3）挖基础沟槽土方

$$L_{外中} = (6.3 + 6.8) \times 2$$
$$= 26.2(\text{m})$$

$$L_{内净} = [5 - (0.7 + 0.3 \times 2)] + [3 - (0.7 + 0.3 \times 2)]$$
$$= 5.4(\text{m})$$

$$V_{挖} = (0.7 + 0.3 \times 2 + 0.33 \times 2) \times 2 \times (26.2 + 5.4)$$
$$= 123.87(\text{m}^3)$$

（4）回填土方

1）基础回填

$$V_1 = 123.87 - 6.89 - 13.48 - 1.94 - 0.10 + 33.72 \times 0.24 \times 0.15$$
$$= 102.67(\text{m}^3)$$

2）室内回填

$$V_2 = (3.06 \times 4.76 + 3.36 \times 2.76 + 2.76 \times 2.96) \times (0.15 - 0.02 - 0.08)$$
$$= 1.60(\text{m}^3)$$

$$V_{回填} = V_1 + V_2$$
$$= 102.67 + 1.60$$
$$= 104.27(\text{m}^3)$$

（5）余方弃置

$$V_{弃置} = V_{挖} - V_{回填}$$
$$= 123.87 - 104.27$$
$$= 19.6(\text{m}^3)$$

清单工程量计算见表 3-22。

表 3-22　清单工程量计算表（例 3-16）

序　号	项目编码	项目名称	项目特征描述	工程量合计	计量单位
1	010101001001	平整场地	1. 土壤类别：三类土 2. 取土运距：由投标人根据施工现场情况自行考虑	40.92	m²
2	010101003001	挖沟槽土方	1. 土壤类别：三类土 2. 挖土深度：2.0m 3. 弃土运距：现场内运输堆放距离为50m、场外运输距离为1km	123.87	m³
3	010103001001	回填土方	1. 密实度要求：符合规范要求 2. 填方运距：50m	104.27	m³
4	010103002001	余方弃置	运距：运输1km	19.60	m³

【例 3-17】 某工程如下：

（1）设计说明

1）某工程 ±0.000 以下基础工程施工图如图 3-33 所示，室内外标高差为 450mm。

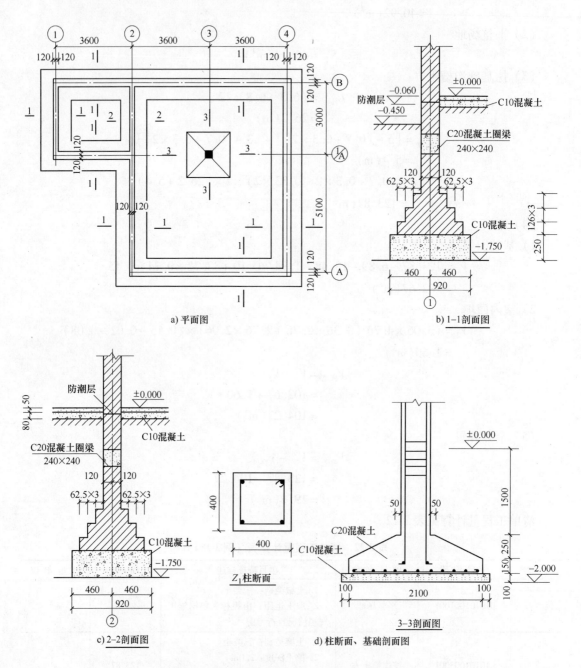

图 3-33　某工程 ±0.000 以下基础工程施工图

2）基础垫层为非原槽浇筑，垫层支模，混凝土强度等级为 C10，地圈梁混凝土强度等级为 C20。

3）砖基础，使用普通页岩标准砖，M5 水泥砂浆砌筑。

4）独立柱基及柱为 C20 混凝土。

5）本工程建设方已完成三通一平。

6）混凝土及砂浆材料为：中砂、砾石、细砂均现场搅拌。

（2）施工说明

1）本基础工程土方为人工开挖，非桩基工程，不考虑开挖时排地表水及基底钎探，不考虑支挡土板施工，工作面为 300mm，放坡系数为 1：0.33。

2）开挖基础土，其中一部分土壤考虑按挖方量的 60% 进行现场运输、堆放，采用人力车运输，距离为 40m，另一部分土壤在基坑边 5m 内堆放。平整场地，弃、取土运距为 5m。弃土外运 5km，回填为夯填。

3）土壤类别三类土，均属天然密实土，现场内土壤堆放时间为三个月。

试计算该 ±0.000 以下基础工程的平整场地、挖地槽、地坑、弃土外运、土方回填等项目工程量。

【解】

按规定，挖沟槽、基坑因工作面和放坡增加的工程量，并入各土方工程量中。三类土放坡起点应为 1.5m，因挖沟槽土方不应计算放坡。

（1）平整场地

$$S = 11.04 \times 3.24 + 5.1 \times 7.44$$
$$= 73.71(\text{m}^2)$$

（2）挖沟槽土方

$$L_{\text{外}} = (10.8 + 8.1) \times 2$$
$$= 37.8(\text{m})$$
$$L_{\text{内}} = 3 - 0.92 - 0.3 \times 2$$
$$= 1.48(\text{m})$$
$$S_{1-1(2-2)} = (0.92 + 2 \times 0.3) \times 1.3$$
$$= 1.98(\text{m}^2)$$
$$V = (37.8 + 1.48) \times 1.98$$
$$= 77.77(\text{m}^3)$$

（3）挖基坑土方

$$S_{\text{下}} = (2.3 + 0.3 \times 2)^2$$
$$= 8.41(\text{m}^2)$$
$$S_{\text{上}} = (2.3 + 0.3 \times 2 + 2 \times 0.33 \times 1.55)^2$$
$$= 15.37(\text{m}^2)$$
$$V = \frac{1}{3} \times h \times (S_{\text{上}} + S_{\text{下}} + \sqrt{S_{\text{上}} S_{\text{下}}}) = \frac{1}{3} \times 1.55 \times (2.9^2 + 3.92^2 + 2.9 \times 3.92)$$
$$= 18.16(\text{m}^3)$$
$$V_{\text{挖总}} = 77.77 + 18.16 = 95.93(\text{m}^3)$$

（4）土方回填

1）垫层

$$V = (37.8 + 2.08) \times 0.92 \times 0.250 + 2.3 \times 2.3 \times 0.1$$
$$= 9.70(\text{m}^3)$$

2）埋在土下砖基础（含圈梁）

$$V = (37.8 + 2.76) \times (1.05 \times 0.24 + 0.0625 \times 3 \times 0.126 \times 4)$$
$$= 14.05(\text{m}^3)$$

3）埋在土下的混凝土基础及柱

$$V = \frac{1}{3} \times 0.25 \times (0.5^2 + 2.1^2 + 0.5 \times 2.1) + 1.05 \times 0.4 \times 0.4 + 2.1 \times 2.1 \times 0.15$$
$$= 1.31(\text{m}^3)$$

4）基坑回填

$$V = 77.77 + 18.16 - 9.7 - 14.05 - 1.31$$
$$= 70.87(\text{m}^3)$$

5）室内回填

$$V = (3.36 \times 2.76 + 7.86 \times 6.96 - 0.4 \times 0.4) \times (0.45 - 0.13)$$
$$= 20.42(\text{m}^3)$$
$$V_{回总} = 70.87 + 20.42 = 91.29(\text{m}^3)$$

（5）余方弃置

$$V = V_{挖总} - V_{回总}$$
$$= 95.93 - 91.29$$
$$= 4.64(\text{m}^3)$$

清单工程量计算表见表3-23。

表3-23　清单工程量计算表（例3-17）

序　号	项 目 编 码	项 目 名 称	项目特征描述	工程量合计	计 量 单 位
1	010101001001	平整场地	1. 土壤类别：三类土 2. 弃土运距：5m 3. 取土运距：5m	73.71	m²
2	010101003001	挖沟槽土方	1. 土壤类别：三类土 2. 挖土深度：1.30m 3. 弃土运距：40m	77.77	m³
3	010101004001	挖基坑土方	1. 土壤类别：三类土 2. 挖土深度：1.55m 3. 弃土运距：40m	18.16	m³
4	010103002001	余方弃置	弃土运距：5km	4.64	m³
5	010103001001	回填土方	1. 土质要求：满足规范及设计 2. 密实度要求：满足规范及设计 3. 粒径要求：满足规范及设计 4. 夯填（碾压）：夯填 5. 运输距离：40m	91.29	m³

3.3　地基处理与边坡支护工程工程量清单计价与实例

3.3.1　地基处理与边坡支护工程清单工程量计算规则

1. 地基处理

地基处理工程量清单项目设置、项目特征描述的内容、计量单位及工程量计算规则，应按表 3-24 的规定执行。

表 3-24　地基处理（编号：010201）

项目编码	项目名称	项目特征	计量单位	工程量计算规则	工作内容
010201001	换填垫层	1. 材料种类及配合比 2. 压实系数 3. 掺加剂品种	m³	按设计图示尺寸以体积计算	1. 分层铺填 2. 碾压、振密或夯实 3. 材料运输
010201002	铺设土工合成材料	1. 部位 2. 品种 3. 规格		按设计图示尺寸以面积计算	1. 挖填锚固沟 2. 铺设 3. 固定 4. 运输
010201003	预压地基	1. 排水竖井种类、断面尺寸、排列方式、间距、深度 2. 预压方法 3. 预压荷载、时间 4. 砂垫层厚度	m²	按设计图示尺寸以面积计算	1. 设置排水竖井、盲沟、滤水管 2. 铺设砂垫层、密封膜 3. 堆载、卸载或抽气设备安拆、抽真空 4. 材料运输
010201004	强夯地基	1. 夯击能量 2. 夯击遍数 3. 夯击点布置形式、间距 4. 地耐力要求 5. 夯填材料种类			1. 铺设夯填材料 2. 强夯 3. 夯填材料运输
010201005	振冲密实（不填料）	1. 地层情况 2. 振密深度 3. 孔距			1. 振冲加密 2. 泥浆运输
010201006	振冲桩（填料）	1. 地层情况 2. 空桩长度、桩长 3. 桩径 4. 填充材料种类	1. m 2. m³	1. 以米计量，按设计图示尺寸以桩长计算 2. 以立方米计量，按设计桩截面乘以桩长以体积计算	1. 振冲成孔、填料、振实 2. 材料运输 3. 泥浆运输
010201007	砂石桩	1. 地层情况 2. 空桩长度、桩长 3. 桩径 4. 成孔方法 5. 材料种类、级配		1. 以米计量，按设计图示尺寸以桩长（包括桩尖）计算 2. 以立方米计量，按设计桩截面乘以桩长（包括桩尖）以体积计算	1. 成孔 2. 填充、振实 3. 材料运输

（续）

项目编码	项目名称	项目特征	计量单位	工程量计算规则	工作内容
010201008	水泥粉煤灰碎石桩	1. 地层情况 2. 空桩长度、桩长 3. 桩径 4. 成孔方法 5. 混合料强度等级		按设计图示尺寸以桩长（包括桩尖）计算	1. 成孔 2. 混合料制作、灌注、养护 3. 材料运输
010201009	深层搅拌桩	1. 地层情况 2. 空桩长度、桩长 3. 桩截面尺寸 4. 水泥强度等级、掺量		按设计图示尺寸以桩长计算	1. 预搅下钻、水泥浆制作、喷浆搅拌提升成桩 2. 材料运输
010201010	粉喷桩	1. 地层情况 2. 空桩长度、桩长 3. 桩径 4. 粉体种类、掺量 5. 水泥强度等级、石灰粉要求			1. 预搅下钻、喷粉搅拌提升成桩 2. 材料运输
010201011	夯实水泥土桩	1. 地层情况 2. 空桩长度、桩长 3. 桩径 4. 成孔方法 5. 水泥强度等级 6. 混合料配合比	m	按设计图示尺寸以桩长（包括桩尖）计算	1. 成孔、夯底 2. 水泥土拌和、填料、夯实 3. 材料运输
010201012	高压喷射注浆桩	1. 地层情况 2. 空桩长度、桩长 3. 桩截面 4. 注浆类型、方法 5. 水泥强度等级		按设计图示尺寸以桩长计算	1. 成孔 2. 水泥浆制作、高压喷射注浆 3. 材料运输
010201013	石灰桩	1. 地层情况 2. 空桩长度、桩长 3. 桩径 4. 成孔方法 5. 掺和料种类、配合比		按设计图示尺寸以桩长（包括桩尖）计算	1. 成孔 2. 混合料制作、运输、夯填
010201014	灰土（土）挤密桩	1. 地层情况 2. 空桩长度、桩长 3. 桩径 4. 成孔方法 5. 灰土级配			1. 成孔 2. 灰土拌和、运输、填充、夯实
010201015	柱锤冲扩桩	1. 地层情况 2. 空桩长度、桩长 3. 桩径 4. 成孔方法 5. 桩体材料种类、配合比		按设计图示尺寸以桩长计算	1. 安、拔套管 2. 冲孔、填料、夯实 3. 桩体材料制作、运输
010201016	注浆地基	1. 地层情况 2. 空钻深度、注浆深度 3. 注浆间距 4. 浆液种类及配合比 5. 注浆方法 6. 水泥强度等级	1. m 2. m³	1. 以米计量，按设计图示尺寸以钻孔深度计算 2. 以立方米计量，按设计图示尺寸以加固体积计算	1. 成孔 2. 注浆导管制作、安装 3. 浆液制作、压浆 4. 材料运输

（续）

项目编码	项目名称	项目特征	计量单位	工程量计算规则	工作内容
010201017	褥垫层	1. 厚度 2. 材料品种及比例	1. m² 2. m³	1. 以平方米计量，按设计图示尺寸以铺设面积计算 2. 以立方米计量，按设计图示尺寸以体积计算	材料拌和、运输、铺设、压实

注：1. 地层情况按表3-3和表3-9的规定，并根据岩土工程勘察报告按单位工程各地层所占比例（包括范围值）进行描述。对无法准确描述的地层情况，可注明由投标人根据岩土工程勘察报告自行决定报价。

2. 项目特征中的桩长应包括桩尖，空桩长度＝孔深－桩长，孔深为自然地面至设计桩底的深度。

3. 高压喷射注浆类型包括旋喷、摆喷、定喷，高压喷射注浆方法包括单管法、双重管法、三重管法。

4. 如采用泥浆护壁成孔，工作内容包括土方、废泥浆外运，如采用沉管灌注成孔，工作内容包括桩尖制作、安装。

2. 基坑与边坡支护

工程量清单项目设置、项目特征描述的内容、计量单位及工程量计算规则，应按表3-25的规定执行。

表3-25　基坑与边坡支护（编码：010202）

项目编码	项目名称	项目特征	计量单位	工程量计算规则	工作内容
010202001	地下连续墙	1. 地层情况 2. 导墙类型、截面 3. 墙体厚度 4. 成槽深度 5. 混凝土种类、强度等级 6. 接头形式	m³	按设计图示墙中心线长乘以厚度乘以槽深以体积计算	1. 导墙挖填、制作、安装、拆除 2. 挖土成槽、固壁、清底置换 3. 混凝土制作、运输、灌注、养护 4. 接头处理 5. 土方、废泥浆外运 6. 打桩场地硬化及泥浆池、泥浆沟
010202002	咬合灌注桩	1. 地层情况 2. 桩长 3. 桩径 4. 混凝土种类、强度等级 5. 部位	1. m 2. 根	1. 以米计量，按设计图示尺寸以桩长计算 2. 以根计量，按设计图示数量计算	1. 成孔、固壁 2. 混凝土制作、运输、灌注、养护 3. 套管压拔 4. 土方、废泥浆外运 5. 打桩场地硬化及泥浆池、泥浆沟
010202003	圆木桩	1. 地层情况 2. 桩长 3. 材质 4. 尾径 5. 桩倾斜度		1. 以米计量，按设计图示尺寸以桩长（包括桩尖）计算 2. 以根计量，按设计图示数量计算	1. 工作平台搭拆 2. 桩机移位 3. 桩靴安装 4. 沉桩
010202004	预制钢筋混凝土板桩	1. 地层情况 2. 送桩深度、桩长 3. 桩截面 4. 混凝土强度等级			1. 工作平台搭拆 2. 桩机竖拆、移位 3. 沉桩 4. 板桩连接

（续）

项目编码	项目名称	项目特征	计量单位	工程量计算规则	工作内容
010202005	型钢桩	1. 地层情况或部位 2. 送桩深度、桩长 3. 规格型号 4. 桩倾斜度 5. 防护材料种类 6. 是否拔出	1. t 2. 根	1. 以吨计量，按设计图示尺寸以质量计算 2. 以根计量，按设计图示数量计算	1. 工作平台搭拆 2. 桩机移位 3. 打（拔）桩 4. 接桩 5. 刷防护材料
010202006	钢板桩	1. 地层情况 2. 桩长 3. 板桩厚度	1. t 2. m²	1. 以吨计量，按设计图示尺寸以质量计算 2. 以平方米计量，按设计图示墙中心线长乘以桩长以面积计算	1. 工作平台搭拆 2. 桩机移位 3. 打拔钢板桩
010202007	预应力锚杆、锚索	1. 地层情况 2. 锚杆（索）类型、部位 3. 钻孔深度 4. 钻孔直径 5. 杆体材料品种、规格、数量 6. 预应力 7. 浆液种类、强度等级	1. m 2. 根	1. 以米计量，按设计图示尺寸以钻孔深度计算 2. 以根计量，按设计图示数量计算	1. 钻孔、浆液制作、运输、压浆 2. 锚杆（锚索）制作、安装 3. 张拉锚固 4. 锚杆、锚索施工平台搭设、拆除
010202008	土钉	1. 地层情况 2. 钻孔深度 3. 钻孔直径 4. 置入方法 5. 杆体材料品种、规格、数量 6. 浆液种类、强度等级			1. 钻孔、浆液制作、运输、压浆 2. 土钉制作、安装 3. 土钉施工平台搭设、拆除
010202009	喷射混凝土、水泥砂浆	1. 部位 2. 厚度 3. 材料种类 4. 混凝土（砂浆）类别、强度等级	m²	按设计图示尺寸以面积计算	1. 修整边坡 2. 混凝土（砂浆）制作、运输、喷射、养护 3. 钻排水孔、安装排水管 4. 喷射施工平台搭设、拆除
010202010	混凝土支撑	1. 部位 2. 混凝土种类 3. 混凝土强度等级	m³	按设计图示尺寸以体积计算	1. 模板（支架或支撑）制作、安装、拆除、堆放、运输及清理模内杂物、刷隔离剂等 2. 混凝土制作、运输、浇筑、振捣、养护

（续）

项目编码	项目名称	项 目 特 征	计量单位	工程量计算规则	工 作 内 容
010202011	钢支撑	1. 部位 2. 钢材品种、规格 3. 探伤要求	t	按设计图示尺寸以质量计算。不扣除孔眼质量，焊条、铆钉、螺栓等不另增加质量	1. 支撑、铁件制作（摊销、租赁） 2. 支撑、铁件安装 3. 探伤 4. 刷漆 5. 拆除 6. 运输

注：1. 地层情况按表 3-3 和表 3-9 的规定，并根据岩土工程勘察报告按单位工程各地层所占比例（包括范围值）进行描述。对无法准确描述的地层情况，可注明由投标人根据岩土工程勘察报告自行决定报价。
　　2. 土钉置入方法包括钻孔置入、打入或射入等。
　　3. 混凝土种类：指清水混凝土、彩色混凝土等，如在同一地区既使用预拌（商品）混凝土，又允许现场搅拌混凝土时，也应注明（下同）。
　　4. 地下连续墙和喷射混凝土（砂浆）的钢筋网、咬合灌注桩的钢筋笼及钢筋混凝土支撑的钢筋制作、安装，按"混凝土及钢筋混凝土工程"中相关项目列项。本分部未列的基坑及边坡支护的排桩按"桩基工程"中相关项目列项。水泥土墙、坑内加固按表 3-24 中相关项目列项。砖、石挡土墙、护坡按"砌筑工程"中相关项目列项。混凝土挡土墙按"混凝土及钢筋混凝土工程"中相关项目列项。

3.3.2　地基处理与边坡支护工程清单工程量计算实例

【例 3-18】　如图 3-34 所示为现场灌注砂桩示意图，已知灌注砂桩的共 1350 根，试采用多种方法计算其工程量。

【解】
（1）方法一
砂石桩工程量 $= 3.4 \times 1350$
　　　　　　　$= 4590$（m）
（2）方法二
砂石桩工程量 $= \pi \times \left(\dfrac{0.25}{2}\right)^2 \times 3.4 \times 1350$
　　　　　　　$= 225.20$（m³）

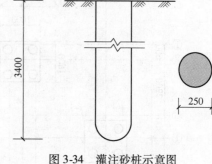

图 3-34　灌注砂桩示意图

【例 3-19】　某工程地基处理采用地下连续墙形式，如图 3-35 所示，墙体厚 300mm，埋深 4m，土质为二类土，计算其清单工程量。

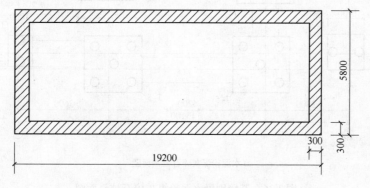

图 3-35　地下连续墙平面图

【解】

工程量 = [(19.2 - 0.3) + (5.8 - 0.3)] × 2 × 0.3 × 4

　　　　= 58.56(m³)

清单工程量计算见表3-26。

表3-26　　清单工程量计算表（例3-19）

序　号	项目编码	项目名称	项目特征描述	工程量合计	计量单位
1	010202001001	地下连续墙	1. 地层情况：二类土 2. 墙体厚度：300mm 3. 成槽深度：4m 4. 混凝土强度等级：C30	58.56	m³

【例3-20】　某幢别墅工程基底为可塑粘土，不能满足设计承载力要求，采用水泥粉煤灰碎石桩进行地基处理，桩径为400mm，桩体强度等级为C20，桩数为52根，设计桩长为10m，桩端进入硬塑黏土层不少于1.5m，桩顶在地面以下1.5～2m，水泥粉煤灰碎石桩采用振动沉管灌注桩施工，桩顶采用200mm厚人工级配砂石（砂：碎石 = 3：7，最大粒径30mm）作为褥垫层，如图3-36所示。试列出该工程地基处理分部分项工程量清单。（根据规范规定，可塑粘土和硬塑粘土为三类土。）

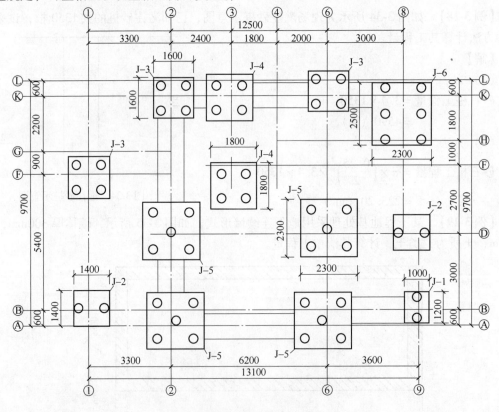

a) 水泥粉煤灰碎石桩平面图

图3-36　某幢别墅水泥粉煤灰碎石桩平面图

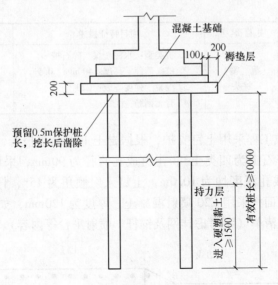

b）水泥粉煤灰碎石桩详图

图 3-36 某幢别墅水泥粉煤灰碎石桩平面图（续）

【解】

（1）水泥粉煤灰碎石桩

$$L = 52 \times 10 = 520 \ （m）$$

（2）褥垫层

1）J-1　$1.8 \times 1.6 \times 1 = 2.88 (m^2)$

2）J-2　$2.0 \times 2.0 \times 2 = 8.00 (m^2)$

3）J-3　$2.2 \times 2.2 \times 3 = 14.52 (m^2)$

4）J-4　$2.4 \times 2.4 \times 2 = 11.52 (m^2)$

5）J-5　$2.9 \times 2.9 \times 4 = 33.64 (m^2)$

6）J-6　$2.9 \times 3.1 \times 1 = 8.99 (m^2)$

$$S = 2.88 + 8.00 + 14.52 + 11.52 + 33.64 + 8.99 = 79.55 (m^2)$$

（3）截（凿）桩头　52 根

清单工程量计算表见表 3-27。

表 3-27　清单工程量计算表（例 3-20）

序　号	项目编码	项目名称	项目特征描述	工程量合计	计量单位
1	010201008001	水泥粉煤灰碎石桩	1. 地层情况：三类土 2. 空桩长度、桩长：1.5~2m、10m 3. 桩径：400mm 4. 成孔方法：振动沉管 5. 混合料强度等级：C20	520	m
2	010201017001	褥垫层	1. 厚度：200mm 2. 材料品种及比例：人工级配砂石（最大粒径30mm），砂：碎石 = 3：7	79.55	m²

（续）

序　号	项目编码	项目名称	项目特征描述	工程量合计	计量单位
3	010301004001	截（凿）桩头	1. 桩类型：水泥粉煤灰碎石桩 2. 桩头截面、高度：400mm、0.5m 3. 混凝土强度等级：C20 4. 有无钢筋：无	52	根

【例 3-21】　某边坡工程采用土钉支护，根据岩土工程勘察报告，地层为带块石的碎石土（根据规范规定，碎石上为四类土），土钉成孔直径为 90mm，采用 1 根 HRB335，直径 25 的钢筋作为杆体，成孔深度均为 10.0m，土钉入射倾角为 15°，杆筋送入钻孔后，灌注 M30 水泥砂浆。混凝土面板采用 C20 喷射混凝土，厚度为 120mm，如图 3-37 所示。试列出该边坡分部分项工程量清单（不考虑挂网及锚杆、喷射平台等内容）。

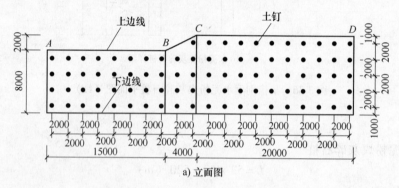

a) 立面图

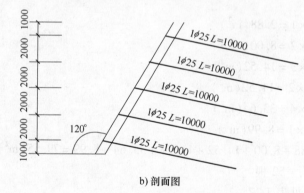

b) 剖面图

图 3-37　AD 段边坡构造示意图

【解】

（1）土钉　91 根

（2）喷射混凝土

1）AB 段　$S_1 = 8 \div \sin\dfrac{\pi}{3} \times 15 = 138.56$（m²）

2）BC 段　$S_2 = (10 + 8) \div 2 \div \sin\dfrac{\pi}{3} \times 4 = 41.57$（m²）

3）CD 段　$S_3 = 10 \div \sin\dfrac{\pi}{3} \times 20 = 230.94$（m²）

$$S = 138.56 + 41.57 + 230.94 = 411.07 \ (\text{m}^2)$$

清单工程量计算见表 3-28。

表 3-28　清单工程量计算表（例 3-21）

序　号	项目编码	项目名称	项目特征描述	工程量合计	计量单位
1	010202008001	土钉	1. 地层情况：四类土 2. 钻孔深度：10m 3. 钻孔直径：90mm 4. 置入方法：钻孔置入 5. 杆体材料品种、规格、数量：1 根 HRB335，直径 25 的钢筋 6. 浆液种类、强度等级：M30 水泥砂浆	91	根
2	010202009001	喷射混凝土	1. 部位：AD 段边坡 2. 厚度：120mm 3. 材料种类：喷射混凝土 4. 混凝土（砂浆）种类、强度等级：C20	411.07	m²

3.4　桩基工程工程量清单计价与实例

3.4.1　桩基工程清单工程量计算规则

1. 打桩

打桩工程量清单项目设置、项目特征描述的内容、计量单位及工程量计算规则，应按表 3-29 的规定执行。

表 3-29　打桩（编号：010301）

项目编码	项目名称	项目特征	计量单位	工程量计算规则	工作内容
010301001	预制钢筋混凝土方桩	1. 地层情况 2. 送桩深度、桩长 3. 桩截面 4. 桩倾斜度 5. 沉桩方法 6. 接桩方式 7. 混凝土强度等级	1. m 2. m³ 3. 根	1. 以米计量，按设计图示尺寸以桩长（包括桩尖）计算 2. 以立方米计量，按设计图示截面面积乘以桩长（包括桩尖）以实体积计算 3. 以根计量，按设计图示数量计算	1. 工作平台搭拆 2. 桩机竖拆、移位 3. 沉桩 4. 接桩 5. 送桩
010301002	预制钢筋混凝土管桩	1. 地层情况 2. 送桩深度、桩长 3. 桩外径、壁厚 4. 桩倾斜度 5. 混凝土强度等级 6. 填充材料种类 7. 防护材料种类			1. 工作平台搭拆 2. 桩机竖拆、移位 3. 沉桩 4. 接桩 5. 送桩 6. 桩尖制作安装 7. 填充材料、刷防护材料

（续）

项目编码	项目名称	项 目 特 征	计量单位	工程量计算规则	工 作 内 容
010301003	钢管桩	1. 地层情况 2. 送桩深度、桩长 3. 材质 4. 管径、壁厚 5. 桩倾斜度 6. 沉桩方法 7. 填充材料种类 8. 防护材料种类	1. t 2. 根	1. 以吨计量，按设计图示尺寸以质量计算 2. 以根计量，按设计图示数量计算	1. 工作平台搭拆 2. 桩机竖拆、移位 3. 沉桩 4. 接桩 5. 送桩 6. 切割钢管、精割盖帽 7. 管内取土 8. 填充材料、刷防护材料
010301004	截（凿）桩头	1. 桩类型 2. 桩头截面、高度 3. 混凝土强度等级 4. 有无钢筋	1. m³ 2. 根	1. 以立方米计量，按设计桩截面面积乘以桩头长度以体积计算 2. 以根计量，按设计图示数量计算	1. 截（切割）桩头 2. 凿平 3. 废料外运

注：1. 地层情况按表3-3和表3-9的规定，并根据岩土工程勘察报告按单位工程各地层所占比例（包括范围值）进行描述。对无法准确描述的地层情况，可注明由投标人根据岩土工程勘察报告自行决定报价。

　　2. 土壤级别按表3-30确定。

　　3. 项目特征中的桩截面、混凝土强度等级、桩类型等可直接用标准图代号或设计桩型进行描述。

　　4. 预制钢筋混凝土方桩、预制钢筋混凝土管桩项目以成品桩编制，应包括成品桩购置费，如果用现场预制，应包括现场预制桩的所有费用。

　　5. 打试验桩和打斜桩应按相应项目单独列项，并应在项目特征中注明试验桩或斜桩（斜率）。

　　6. 截（凿）桩头项目适用于"地基处理与边坡支护工程"、"桩基工程"所列桩的桩头截（凿）。

　　7. 预制钢筋混凝土管桩桩顶与承台的连接构造按"混凝土及钢筋混凝土工程"相关项目列项。

表3-30　土质鉴别表

内　容		土壤级别	
		一级土	二级土
砂夹层	砂层连续厚度	<1m	>1m
	砂层中卵石含量	—	<15%
物理性能	压缩系数	>0.02	<0.02
	孔隙比	>0.7	<0.7
力学性能	静力触探值	<50	>50
	动力触探系数	<12	>12
每米纯沉桩时间平均值		<2min	>2min
说明		桩经外力作用较易沉入的土，土壤中夹有较薄的砂层	桩经外力作用较难沉入的土，土壤中夹有不超过3m的连续厚度砂层

2. 灌注桩

灌注桩工程量清单项目设置、项目特征描述的内容、计量单位及工程量计算规则，应按表3-31的规定执行。

表 3-31　灌注桩（编号：010302）

项目编码	项目名称	项目特征	计量单位	工程量计算规则	工作内容
010302001	泥浆护壁成孔灌注桩	1. 地层情况 2. 空桩长度、桩长 3. 桩径 4. 成孔方法 5. 护筒类型、长度 6. 混凝土类别、强度等级	1. m 2. m³ 3. 根	1. 以米计量，按设计图示尺寸以桩长（包括桩尖）计算 2. 以立方米计量，按不同截面在桩上范围内以体积计算 3. 以根计量，按设计图示数量计算	1. 护筒埋设 2. 成孔、固壁 3. 混凝土制作、运输、灌注、养护 4. 土方、废泥浆外运 5. 打桩场地硬化及泥浆池、泥浆沟
010302002	沉管灌注桩	1. 地层情况 2. 空桩长度、桩长 3. 复打长度 4. 桩径 5. 沉管方法 6. 桩尖类型 7. 混凝土类别、强度等级			1. 打（沉）拔钢管 2. 桩尖制作、安装 3. 混凝土制作、运输、灌注、养护
010302003	干作业成孔灌注桩	1. 地层情况 2. 空桩长度、桩长 3. 桩径 4. 扩孔直径、高度 5. 成孔方法 6. 混凝土类别、强度等级			1. 成孔、扩孔 2. 混凝土制作、运输、灌注、振捣、养护
010302004	挖孔桩土（石）方	1. 土（石）类别 2. 挖孔深度 3. 弃土（石）运距	m³	按设计图示尺寸（含护壁）截面面积乘以挖孔深度以立方米计算	1. 排地表水 2. 挖土、凿石 3. 基底钎探 4. 运输
010302005	人工挖孔灌注桩	1. 桩芯长度 2. 桩芯直径、扩底直径、扩底高度 3. 护壁厚度、高度 4. 护壁混凝土类别、强度等级 5. 桩芯混凝土类别、强度等级	1. m³ 2. 根	1. 以立方米米计量，按桩芯混凝土体积计算 2. 以根计量，按设计图示数量计算	1. 护壁制作 2. 混凝土制作、运输、灌注、振捣、养护
010302006	钻孔压浆桩	1. 地层情况 2. 空钻长度、桩长 3. 钻孔直径 4. 水泥强度等级	1. m 2. 根	1. 以米计量，按设计图示尺寸以桩长计算 2. 以根计量，按设计图示数量计算	钻孔、下注浆管、投放骨料、浆液制作、运输、压浆
010302007	灌注桩后压浆	1. 注浆导管材料、规格 2. 注浆导管长度 3. 单孔注浆量 4. 水泥强度等级	孔	按设计图示以注浆孔数计算	1. 注浆导管制作、安装 2. 浆液制作、运输、压浆

注：1. 地层情况按表 3-3 和表 3-9 的规定，并根据岩土工程勘察报告按单位工程各地层所占比例（包括范围值）进行描述。对无法准确描述的地层情况，可注明由投标人根据岩土工程勘察报告自行决定报价。
　　2. 项目特征中的桩长应包括桩尖，空桩长度 = 孔深 – 桩长，孔深为自然面地至设计桩底的深度。
　　3. 项目特征中的桩截面（桩径）、混凝土强度等级、桩类型等可直接用标准图代号或设计桩型进行描述。
　　4. 泥浆护壁成孔灌注桩是指在泥浆护壁条件下成孔，采用水下灌注混凝土的桩。其成孔方法包括冲击钻成孔、冲抓锥成孔、回旋钻成孔、潜水钻成孔、泥浆护壁的旋挖成孔等。
　　5. 沉管灌注桩的沉管方法包括锤击沉管法、振动沉管法、振动冲击沉管法、内夯沉管法等。
　　6. 干作业成孔灌注桩是指不用泥浆护壁和套管护壁的情况下，用钻机成孔后，下钢筋笼，灌注混凝土的桩，适用于地下水位以上的土层使用。其成孔方法包括螺旋钻成孔、螺旋钻成孔扩底、干作业的旋挖成孔等。
　　7. 混凝土种类：指清水混凝土、彩色混凝土、水下混凝土等，如在同一地区既使用预拌（商品）混凝土，又允许现场搅拌混凝土时，也应注明（下同）。
　　8. 混凝土灌注桩的钢筋笼制作、安装，按"混凝土及钢筋混凝土工程"中相关项目编码列项。

· 116 ·　建筑工程工程量清单计价实例详解

3.4.2　桩基工程清单工程量计算实例

【例 3-22】　某钢筋混凝土桩如图 3-38 所示，钢筋混凝土桩的横截面尺寸为 400mm ×
400mm，需要定制这样的钢筋混凝土桩 62 根，试计算工程量。

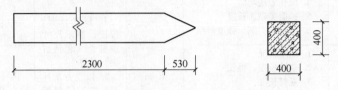

图 3-38　预制钢筋混凝土桩示意图

【解】
预制钢筋混凝土方桩工程量可以有三种求法，如：
（1）方法一
$$L = (2.3 + 0.53) \times 62 = 175.46(\text{m})$$
（2）方法二
$$V = (2.3 + 0.53) \times 0.4 \times 0.4 \times 62$$
$$= 28.07(\text{m}^3)$$
（3）方法三
$$n = 62 \text{ 根}$$

【例 3-23】　某预制混凝土方桩桩基，如图 3-39 所示，已知木桩长 8500mm，有两根，
请计算其清单工程量。

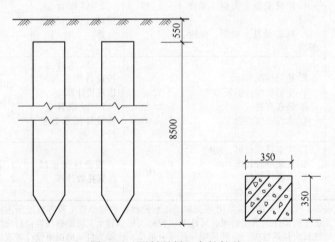

图 3-39　预制混凝土方桩桩基

【解】
预制混凝土方桩桩基工程量可以有三种求法，如：
（1）方法一
$$L = 8.5 \times 2 = 17 \text{（m）}$$

（2）方法二

$$V = 8.5 \times 0.35 \times 0.35 \times 2$$
$$= 2.08 \ (\text{m}^3)$$

（3）方法三

$$n = 2 \ \text{根}$$

【例 3-24】 套管成孔灌注桩如图 3-40 所示，已知土质为二级土，求套管成孔灌注 57 根桩的工程量。

【解】

（1）方法一

$$L = 16 \times 57 = 912 \ (\text{m})$$

（2）方法二

$$V = 3.14 \times \left(\frac{0.5}{2}\right)^2 \times 16 \times 57$$
$$= 178.98 \ (\text{m}^3)$$

（3）方法三

$$n = 57 \ \text{根}$$

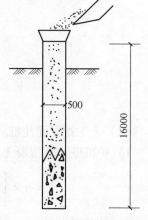

图 3-40 套管成孔灌注桩示意图

【例 3-25】 某工程采用人工挖孔桩基础，设计情况如图 3-41 所示，桩数 10 根，桩端进入中风化泥岩不少于 1.5m，护壁混凝土采用现场搅拌，强度等级为 C25，桩芯采用商品混凝土，强度等级为 C25，土方采用场内转运。

地层情况自上而下为：卵石层（四类土）厚 5~7m，强风化泥岩（极软岩）厚 3~5m，以下为中风化泥岩（软岩）。试列出该桩基础分部分项工程量清单。

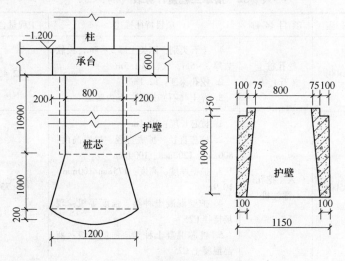

图 3-41 某桩基工程示意图

【解】

（1）挖孔桩土（石）方

1）直芯

$$V_1 = \pi \times \left(\frac{1.15}{2} \right)^2 \times 10.9 = 11.32 \ (\text{m}^3)$$

2) 扩大头

$$V_2 = \frac{1}{3} \times 1 \times (\pi \times 0.4^2 + \pi \times 0.6^2 + \pi \times 0.4 \times 0.6) = 0.80 \ (\text{m}^3)$$

3) 扩大头球冠

$$R = \frac{0.6^2 + 0.2^2}{2 \times 0.2} = 1 \ (\text{m})$$

$$V_3 = \pi \times 0.2^2 \times \left(R - \frac{0.2}{3} \right)$$

$$= 3.14 \times 0.2^2 \times \left(1 - \frac{0.2}{3} \right) = 0.12 \ (\text{m}^3)$$

$$V = (V_1 + V_2 + V_3) \times 10$$

$$= (11.32 + 0.8 + 0.12) \times 10 = 122.40 \ (\text{m}^3)$$

(2) 人工挖孔灌注桩

1) 护桩壁 C20 混凝土

$$V = \pi \times \left[\left(\frac{1.15}{2} \right)^2 - \left(\frac{0.875}{2} \right)^2 \right] \times 10.9 \times 10 = 47.65 \ (\text{m}^3)$$

2) 桩芯混凝土

$$V = 122.4 - 47.65 = 74.75 \text{m}^3$$

清单工程量计算见表 3-32。

表 3-32　清单工程量计算表（例 3-25）

序　号	项目编码	项目名称	项目特征描述	工程量合计	计量单位
1	010302004001	挖孔桩土（石）方	1. 土石类别：四类土厚 5～7m，极软岩厚 3～5m，软岩厚 1.5m 2. 挖孔深度：12.1m 3. 弃土（石）运距：场内转运	122.40	m³
2	010302005001	人工挖孔灌注桩	1. 桩芯长度：12.1m 2. 桩芯直径、扩底直径、扩底高度：800mm、1200mm、1000mm 3. 护壁厚度、高度：175mm/100mm、10.9m 4. 护壁混凝土种类、强度等级：现场搅拌 C25 5. 桩芯混凝土种类、强度等级：商品混凝土 C25	74.75	m³

【例 3-26】　某工程采用排桩进行基坑支护，排桩采用旋挖钻孔灌注桩进行施工。场地地面标高为 495.50～496.10m，旋挖桩桩径为 1000mm，桩长为 20m，采用水下商品混凝土 C30，桩顶标高为 493.50m。桩数为 206 根，超灌高度不少于 1m。根据地质情况，采用 5mm 厚钢护筒，护筒长度不少于 3m。

根据地质资料和设计情况，一、二类土约占 25%，三类土约占 20%，四类土约占 55%。试列出该排桩分部分项工程量清单。

【解】

（1）泥浆护壁成孔灌注桩（旋挖桩） 206 根

（2）截（凿）桩头

$$\pi \times 0.5^2 \times 1 \times 206 = 161.79 \ (\text{m}^3)$$

清单工程量计算见表 3-33。

表 3-33 清单工程量计算表（例 3-26）

序 号	项目编码	项目名称	项目特征描述	工程量合计	计 量 单 位
1	010302001001	泥浆护壁成孔灌注桩（旋挖桩）	1. 地层情况：一、二类土约占 25%，三类土约占 20%，四类土约占 55% 2. 空桩长度、桩长：2 ~ 2.6m、20m 3. 桩径：1000mm 4. 成孔方法：旋挖钻孔 5. 护筒类型、长度：5mm 厚钢护筒、不少于 3m 6. 混凝土种类、强度等级：水下商品混凝土 C30	206	根
2	010301004001	截（凿）桩头	1. 桩类型：旋挖桩 2. 桩头截面、高度：1000mm、不少于 1m 3. 混凝土强度等级：C30 4. 有无钢筋：有	161.79	m³

【例 3-27】 已知某工程用打桩机打入如图 3-42 所示钢筋混凝土预制方桩，共 30 根，确定其工程清单合价。

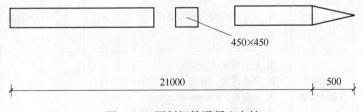

图 3-42 预制钢筋混凝土方桩

【解】

（1）清单工程量计算

$$V = 0.45 \times 0.45 \times (21 + 0.5) \times 30 = 130.61 (\text{m}^3)$$

（2）消耗量定额工程量计算

1）打桩 $\quad V = 130.61 \text{m}^3$

2）桩制作 $\quad V = 130.61 \text{m}^3$

3）混凝土集中搅拌 $V = 0.45 \times 0.45 \times (21 + 0.5) \times 30 \times 1.01 \times 1.015 = 133.90 (\text{m}^3)$

4）混凝土运输 $\quad V = 133.90 \text{m}^3$

（3）打混凝土方桩30m内

1）人工费　　　　　　　70. 18 × 130. 61/10 = 916. 62（元）

2）材料费　　　　　　　49. 75 × 130. 61/10 = 649. 78（元）

3）机械费　　　　　　　912. 77 × 130. 61/10 = 11921. 69（元）

（4）C25 预制混凝土方桩、板桩

1）人工费　　　　　　　175. 56 × 130. 61/10 = 2292. 99（元）

2）材料费　　　　　　　1467. 33 × 130. 61/10 = 19164. 80（元）

3）机械费　　　　　　　59. 75 × 130. 61/10 = 780. 39（元）

（5）场外集中搅拌混凝土

1）人工费　　　　　　　13. 2 × 133. 90/10 = 176. 75（元）

2）材料费　　　　　　　8. 5 × 133. 90/10 = 113. 82（元）

3）机械费　　　　　　　101. 38 × 133. 90/10 = 1357. 48（元）

（6）机动翻斗车运混凝土1km内

机械费　　　　　　　　27. 46 × 133. 90/10 = 367. 69（元）

（7）综合

1）直接费合计　　　　　　　　37742. 01 元

2）管理费　　　　　　37742. 01 × 35% = 13209. 70（元）

3）利润　　　　　　　37742. 01 × 5% = 1887. 10（元）

4）合价　　　　　　　　　　52838. 81 元

5）综合单价　　　　　52838. 81 ÷ 130. 61 = 404. 55（元）

分部分项工程和单价措施项目清单与计价、综合单价分析见表3-34、表3-35。

表3-34　分部分项工程和单价措施项目清单与计价表（例3-27）

工程名称：预制钢筋混凝桩工程　　　　　　　　标段：　　　　　　　第　页　共　页

序号	项目编号	项目名称	项目特征描述	计量单位	工程量	金额/元	
						综合单价	合价
1	010301001001	预制钢筋混凝土方桩	1. 底层情况：三类土 2. 送桩深度、桩长：30m、21m 3. 桩截面：450mm×450mm 4. 混凝土强度等级：C30 混凝土	m³	130. 61	404. 55	52838. 81
	合　计						52838. 81

表 3-35　综合单价计算表（例 3-27）

工程名称：预制钢筋混凝桩工程　　　　　　　标段：　　　　　　　第　页　共　页

项目编码	010301001001	项目名称		预制钢筋混凝土方桩	计量单位		m^3	工程量		130.61

综合单价组成明细

定额编号	定额名称	定额单位	数量	单价/元				合价/元			
				人工费	材料费	机械费	管理费和利润	人工费	材料费	机械费	管理费和利润
2-3-3	打混凝土方桩 30m 内	$10m^3$	0.1	70.18	49.75	912.77	413.08	7.02	4.98	91.28	41.31
4-3-1	C30 预制混凝土方桩、板桩	$10m^3$	0.1	175.56	1467.33	59.75	681.06	17.56	146.73	5.98	68.11
4-4-1	场外集中搅拌混凝土	$10m^3$	0.103	13.2	8.5	101.38	49.23	1.35	0.87	10.43	5.07
4-4-5	机动翻斗车运混凝土 1km 内	$10m^3$	0.103	—	—	27.46	10.98	—	—	2.82	1.13
人工单价			小计					25.93	152.58	110.51	115.62
28 元/工日			未计价材料费					—			
			清单项目综合单价					404.55			

3.5　砌筑工程工程量清单计价与实例

3.5.1　砌筑工程清单工程量计算规则

1. 砖砌体

工程量清单项目设置、项目特征描述的内容、计量单位及工程量计算规则，应按表 3-36 的规定执行。

表 3-36　砖砌体（编号：010401）

项目编码	项目名称	项目特征	计量单位	工程量计算规则	工作内容
010401001	砖基础	1. 砖品种、规格、强度等级 2. 基础类型 3. 砂浆强度等级 4. 防潮层材料种类	m^3	按设计图示尺寸以体积计算 　包括附墙垛基础宽出部分体积，扣除地梁（圈梁）、构造柱所占体积，不扣除基础大放脚 T 形接头处的重叠部分及嵌入基础内的钢筋、铁件、管道、基础砂浆防潮层和单个面积≤0.3m² 的孔洞所占体积，靠墙暖气沟的挑檐不增加 　基础长度：外墙按外墙中心线，内墙按内墙净长线计算	1. 砂浆制作、运输 2. 砌砖 3. 防潮层铺设 4. 材料运输
010401002	砖砌挖孔桩护壁	1. 砖品种、规格、强度等级 2. 砂浆强度等级		按设计图示尺寸以立方米计算	1. 砂浆制作、运输 2. 砌砖 3. 材料运输

（续）

项目编码	项目名称	项目特征	计量单位	工程量计算规则	工作内容
010401003	实心砖墙		m³	按设计图示尺寸以体积计算 　　扣除门窗洞口、过人洞、空圈、嵌入墙内的钢筋混凝土柱、梁、圈梁、挑梁、过梁及凹进墙内的壁龛、管槽、暖气槽、消火栓箱所占体积，不扣除梁头、板头、檩头、垫木、木楞头、沿缘木、木砖、门窗走头、砖墙内加固钢筋、木筋、铁件、钢管及单个面积≤0.3m²的孔洞所占的体积。凸出墙面的腰线、挑檐、压顶、窗台线、虎头砖、门窗套的体积亦不增加。凸出墙面的砖垛并入墙体体积内计算	1. 砂浆制作、运输 2. 砌砖 3. 刮缝 4. 砖压顶砌筑 5. 材料运输
010401004	多孔砖墙	1. 砖品种、规格、强度等级 2. 墙体类型 3. 砂浆强度等级、配合比		1. 墙长度：外墙按中心线、内墙按净长计算 2. 墙高度： 　1）外墙。斜（坡）屋面无檐口天棚者算至屋面板底；有屋架且室内外均有天棚者算至屋架下弦底另加200mm；无天棚者算至屋架下弦底另加300mm，出檐宽度超过600mm时按实砌高度计算；与钢筋混凝土楼板隔层者算至板顶。平屋顶算至钢筋混凝土板底 　2）内墙。位于屋架下弦者，算至屋架下弦底；无屋架者算至天棚底另加100mm；有钢筋混凝土楼板隔层者算至楼板顶；有框架梁时算至梁底 　3）女儿墙。从屋面板上表面算至女儿墙顶面（如有混凝土压顶时算至压顶下表面） 　4）内、外山墙。按其平均高度计算 3. 框架间墙：不分内外墙按墙体净尺寸以体积计算 4. 围墙：高度算至压顶上表面（如有混凝土压顶时算至压顶下表面），围墙柱并入围墙体积内	
010401005	空心砖墙				
010401006	空斗墙	1. 砖品种、规格、强度等级 2. 墙体类型 3. 砂浆强度等级、配合比		按设计图示尺寸以空斗墙外形体积计算。墙角、内外墙交接处、门窗洞口立边、窗台砖、屋檐处的实砌部分体积并入空斗墙体积内	1. 砂浆制作、运输 2. 砌砖 3. 装填充料 4. 刮缝 5. 材料运输
010401007	空花墙			按设计图示尺寸以空花部分外形体积计算，不扣除空洞部分体积	
010404008	填充墙	1. 砖品种、规格、强度等级 2. 墙体类型 3. 填充材料种类及厚度 4. 砂浆强度等级、配合比		按设计图示尺寸以填充墙外形体积计算	
010401009	实心砖柱	1. 砖品种、规格、强度等级 2. 柱类型 3. 砂浆强度等级、配合比		按设计图示尺寸以体积计算。扣除混凝土及钢筋混凝土梁垫、梁头、板头所占体积	1. 砂浆制作运输 2. 砌砖 3. 刮缝 4. 材料运输
010401010	多孔砖柱				

（续）

项目编码	项目名称	项目特征	计量单位	工程量计算规则	工作内容
010401011	砖检查井	1. 井截面、深度 2. 砖品种、规格、强度等级 3. 垫层材料种类、厚度 4. 底板厚度 5. 井盖安装 6. 混凝土强度等级 7. 砂浆强度等级 8. 防潮层材料种类	座	按设计图示数量计算	1. 砂浆制作、运输 2. 铺设垫层 3. 底板混凝土制作、运输、浇筑、振捣、养护 4. 砌砖 5. 刮缝 6. 井池底、壁抹灰 7. 抹防潮层 8. 材料运输
010401012	零星砌砖	1. 零星砌砖名称、部位 2. 砂浆强度等级、配合比 3. 砂浆强度等级、配合比	1. m³ 2. m² 3. m 4. 个	1. 以立方米计量，按设计图示尺寸截面面积乘以长度计算 2. 以平方米计量，按设计图示尺寸水平投影面积计算 3. 以米计量，按设计图示尺寸长度计算 4. 以个计量，按设计图示数量计算	1. 砂浆制作、运输 2. 砌砖 3. 刮缝 4. 材料运输
010401013	砖散水、地坪	1. 砖品种、规格、强度等级 2. 垫层材料种类、厚度 3. 散水、地坪厚度 4. 面层种类、厚度 5. 砂浆强度等级	m²	按设计图示尺寸以面积计算	1. 土方挖、运、填 2. 地基找平、夯实 3. 铺设垫层 4. 砌砖散水、地坪 5. 抹砂浆面层
010401014	砖地沟、明沟	1. 砖品种、规格、强度等级 2. 沟截面尺寸 3. 垫层材料种类、厚度 4. 混凝土强度等级 5. 砂浆强度等级	m	以米计量，按设计图示以中心线长度计算	1. 土方挖、运、填 2. 铺设垫层 3. 底板混凝土制作、运输、浇筑、振捣、养护 4. 砌砖 5. 刮缝、抹灰 6. 材料运输

注：1. "砖基础"项目适用于各种类型砖基础：柱基础、墙基础、管道基础等。

2. 基础与墙（柱）身使用同一种材料时，以设计室内地面为界（有地下室者，以地下室室内设计地面为界），以下为基础，以上为墙（柱）身。基础与墙身使用不同材料时，位于设计室内地面高度≤±300mm时，以不同材料为分界线，高度>±300mm时，以设计室内地面为分界线。

3. 砖围墙以设计室外地坪为界，以下为基础，以上为墙身。

4. 框架外表面的镶贴砖部分，按零星项目编码列项。

5. 附墙烟囱、通风道、垃圾道应按设计图示尺寸以体积（扣除孔洞所占体积）计算并入所依附的墙体体积内。当设计规定孔洞内需抹灰时，应按《房屋建筑与装饰工程工程量计算规范》（GB 50854—2013）附录M中零星抹灰项目编码列项。

6. 空斗墙的窗间墙、窗台下、楼板下、梁头下等的实砌部分，按零星砌砖项目编码列项。

7. "空花墙"项目适用于各种类型的空花墙，使用混凝土花格砌筑的空花墙，实砌墙体与混凝土花格应分别计算，混凝土花格按混凝土及钢筋混凝土中预制构件相关项目编码列项。

8. 台阶、台阶挡墙、梯带、锅台、炉灶、蹲台、池槽、池槽腿、砖胎模、花台、花池、楼梯栏板、阳台栏板、地垄墙、≤0.3m²的孔洞填塞等，应按零星砌砖项目编码列项。砖砌锅台与炉灶可按外形尺寸以个计算，砖砌台阶可按水平投影面积以平方米计算，小便槽、地垄墙可按长度计算、其他工程以立方米计算。

9. 砖砌体内钢筋加固，应按"混凝土及钢筋混凝土工程"中相关项目编码列项。

10. 砖砌体勾缝按"墙、柱面装饰与隔断幕墙工程"中相关项目编码列项。

11. 检查井内的爬梯"混凝土及钢筋混凝土工程"中相关项目编码列项；井内的混凝土构件按"混凝土及钢筋混凝土工程"中混凝土及钢筋混凝土预制构件编码列项。

12. 如施工图设计标注做法见标准图集时，应在项目特征描述中注明标注图集的编码、页号及节点大样。

2. 砌体

砌块砌体工程量清单项目设置、项目特征描述的内容、计量单位及工程量计算规则，应按表 3-37 的规定执行。

表 3-37　砌块砌体（编号：010402）

项目编码	项目名称	项目特征	计量单位	工程量计算规则	工作内容
010402001	砌块墙	1. 砌块品种、规格、强度等级 2. 墙体类型 3. 砂浆强度等级	m³	按设计图示尺寸以体积计算 　扣除门窗洞口、过人洞、空圈、嵌入墙内的钢筋混凝土柱、梁、圈梁、挑梁、过梁及凹进墙内的壁龛、管槽、暖气槽、消火栓箱所占体积，不扣除梁头、板头、檩头、垫木、木楞头、沿缘木、木砖、门窗走头、砌块墙内加固钢筋、木筋、铁件、钢管及单个面积≤0.3m² 的孔洞所占的体积。凸出墙面的腰线、挑檐、压顶、窗台线、虎头砖、门窗套的体积亦不增加。凸出墙面的砖垛并入墙体体积内计算 　1. 墙长度：外墙按中心线、内墙按净长计算 　2. 墙高度： 　1）外墙。斜（坡）屋面无檐口天棚者算至屋面板底；有屋架且室内外均有天棚者算至屋架下弦底另加 200mm；无天棚者算至屋架下弦底另加 300mm，出檐宽度超过 600mm 时按实砌高度计算；与钢筋混凝土楼板隔层者算至板顶；平屋面算至钢筋混凝土板底 　2）内墙。位于屋架下弦者，算至屋架下弦底；无屋架者算至天棚底另加 100mm；有钢筋混凝土楼板隔层者算至楼板顶；有框架梁时算至梁底 　3）女儿墙。从屋面板上表面算至女儿墙顶面（如有混凝土压顶时算至压顶下表面） 　4）内、外山墙。按其平均高度计算 　3. 框架间墙：不分内外墙按墙体净尺寸以体积计算 　4. 围墙。高度算至压顶上表面（如有混凝土压顶时算至压顶下表面），围墙柱并入围墙体积内	1. 砂浆制作、运输 2. 砌砖、砌块 3. 勾缝 4. 材料运输
010402002	砌块柱			按设计图示尺寸以体积计算 　扣除混凝土及钢筋混凝土梁垫、梁头、板头所占体积	

注：1. 砌体内加筋、墙体拉结的制作、安装，应按"混凝土及钢筋混凝土工程"中相关项目编码列项。

　　2. 砌块排列应上、下错缝搭砌，如果搭错缝长度满足不了规定的压搭要求，应采取压砌钢筋网片的措施，具体构造要求按设计规定。若设计无规定时，应注明由投标人根据工程实际情况自行考虑；钢筋网片按"金属结构工程"中相应编码列项。

　　3. 砌体垂直灰缝宽 >30mm 时，采用 C20 细石混凝土灌实。灌注的混凝土应按"混凝土及钢筋混凝土工程"相关项目编码列项。

3. 石砌体

工程量清单项目设置、项目特征描述的内容、计量单位及工程量计算规则，应按表 3-38 的规定执行。

表 3-38　石砌体（编号：010403）

项目编码	项目名称	项目特征	计量单位	工程量计算规则	工作内容
010403001	石基础	1. 石料种类、规格 2. 基础类型 3. 砂浆强度等级		按设计图示尺寸以体积计算 　包括附墙垛基础宽出部分体积，不扣除基础砂浆防潮层及单个面积 ≤0.3m² 的孔洞所占体积，靠墙暖气沟的挑檐不增加体积。基础长度：外墙按中心线，内墙按净长计算	1. 砂浆制作、运输 2. 吊装 3. 砌石 4. 防潮层铺设 5. 材料运输
010403002	石勒脚			按设计图示尺寸以体积计算，扣除单个面积 >0.3m² 的孔洞所占的体积	
010403003	石墙	1. 石料种类、规格 2. 石表面加工要求 3. 勾缝要求 4. 砂浆强度等级、配合比	m³	按设计图示尺寸以体积计算 　扣除门窗洞口、过人洞、空圈、嵌入墙内的钢筋混凝土柱、梁、圈梁、挑梁、过梁及凹进墙内的壁龛、管槽、暖气槽、消火栓箱所占体积，不扣除梁头、板头、檩头、垫木、木楞头、沿缘木、木砖、门窗走头、石墙内加固钢筋、木筋、铁件、钢管及单个面积 ≤0.3m² 的孔洞所占的体积。凸出墙面的腰线、挑檐、压顶、窗台线、虎头砖、门窗套的体积亦不增加。凸出墙面的砖垛并入墙体体积内计算 　1. 墙长度：外墙按中心线、内墙按净长计算 　2. 墙高度： 　1）外墙。斜（坡）屋面无檐口天棚者算至屋面板底；有屋架且室内外均有天棚者算至屋架下弦底另加 200mm；无天棚者算至屋架下弦底另加 300mm，出檐宽度超过 600mm 时按实砌高度计算；平屋顶算至钢筋混凝土板底 　2）内墙。位于屋架下弦者，算至屋架下弦底；无屋架者算至天棚底另加 100mm；有钢筋混凝土楼板隔层者算至楼板顶；有框架梁时算至梁底 　3）女儿墙。从屋面板上表面算至女儿墙顶面（如有混凝土压顶时算至压顶下表面） 　4）内、外山墙。按其平均高度计算 　3. 围墙：高度算至压顶上表面（如有混凝土压顶时算至压顶下表面），围墙柱并入围墙体积内	1. 砂浆制作、运输 2. 吊装 3. 砌石 4. 石表面加工 5. 勾缝 6. 材料运输

（续）

项目编码	项目名称	项目特征	计量单位	工程量计算规则	工作内容
010403004	石挡土墙	1. 石料种类、规格 2. 石表面加工要求 3. 勾缝要求 4. 砂浆强度等级、配合比	m³	按设计图示尺寸以体积计算	1. 砂浆制作、运输 2. 吊装 3. 砌石 4. 变形缝、泄水孔、压顶抹灰 5. 滤水层 6. 勾缝 7. 材料运输
010403005	石柱				1. 砂浆制作、运输 2. 吊装 3. 砌石 4. 石表面加工 5. 勾缝 6. 材料运输
010403006	石栏杆		m	按设计图示以长度计算	
010403007	石护坡	1. 垫层材料种类、厚度 2. 石料种类、规格 3. 护坡厚度、高度 4. 石表面加工要求 5. 勾缝要求 6. 砂浆强度等级、配合比	m³	按设计图示尺寸以体积计算	1. 铺设垫层 2. 石料加工 3. 砂浆制作、运输 4. 砌石 5. 石表面加工 6. 勾缝 7. 材料运输
010403008	石台阶				
010403009	石坡道		m²	按设计图示以水平投影面积计算	
010403010	石地沟、明沟	1. 沟截面尺寸 2. 土壤类别、运距 3. 垫层材料种类、厚度 4. 石料种类、规格 5. 石表面加工要求 6. 勾缝要求 7. 砂浆强度等级、配合比	m	按设计图示以中心线长度计算	1. 土方挖、运 2. 砂浆制作、运输 3. 铺设垫层 4. 砌石 5. 石表面加工 6. 勾缝 7. 回填 8. 材料运输

注：1. 石基础、石勒脚、石墙的划分：基础与勒脚应以设计室外地坪为界。勒脚与墙身应以设计室内地面为界。石围墙内外地坪标高不同时，应以较低地坪标高为界，以下为基础；内外标高之差为挡土墙时，挡土墙以上为墙身。

2. "石基础"项目适用于各种规格（粗料石、细料石等）、各种材质（砂石、青石等）和各种类型（柱基、墙基、直形、弧形等）基础。

3. "石勒脚"、"石墙"项目适用于各种规格（粗料石、细料石等）、各种材质（砂石、青石、大理石、花岗石等）和各种类型（直形、弧形等）勒脚和墙体。

4. "石挡土墙"项目适用于各种规格（粗料石、细料石、块石、毛石、卵石等）、各种材质（砂石、青石、石灰石等）和各种类型（直形、弧形、台阶形等）挡土墙。

5. "石柱"项目适用于各种规格、各种石质、各种类型的石柱。

6. "石栏杆"项目适用于无雕饰的一般石栏杆。

7. "石护坡"项目适用于各种石质和各种石料（粗料石、细料石、片石、块石、毛石、卵石等）。

8. "石台阶"项目包括石梯带（垂带），不包括石梯膀，石梯膀应按"桩基工程"石挡土墙项目编码列项。

9. 如施工图设计标注做法见标准图集时，应在项目特征描述中注明标注图集的编码、页号及节点大样。

4. 垫层

工程量清单项目设置、项目特征描述的内容、计量单位及工程量计算规则，应按表 3-39 的规定执行。

表 3-39　垫层（编号：010404）

项目编码	项目名称	项目特征	计量单位	工程量计算规则	工作内容
010404001	垫层	垫层材料种类、配合比、厚度	m³	按设计图示尺寸以立方米计算	1. 垫层材料的拌制 2. 垫层铺设 3. 材料运输

注：除混凝土垫层应按"混凝土及钢筋混凝土工程"中相关项目编码列项外，没有包括垫层要求的清单项目应按"垫层"项目编码列项。

5. 砌筑工程清单相关问题及说明

（1）标准砖尺寸应为 240mm×115mm×53mm。

（2）标准砖墙厚度应按表 3-40 计算。

表 3-40　标准砖墙计算厚度表

砖数（厚度）	1/4	1/2	3/4	1	$1\frac{1}{2}$	2	$2\frac{1}{2}$	3
计算厚度/mm	53	115	180	240	365	490	615	740

3.5.2　砌筑工程清单工程量计算实例

【例 3-28】　某基础施工图的尺寸，如图 3-43 所示，已知基础墙均为 240mm，试根据图中提供的已知条件，计算砖基础的长度。

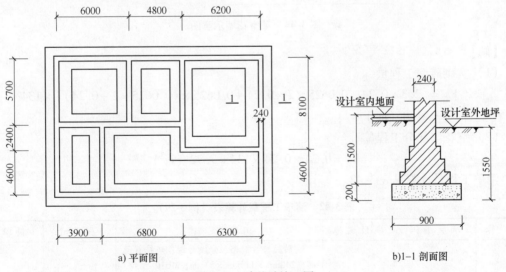

a）平面图　　　b）1—1 剖面图

图 3-43　砖基础施工图

【解】

（1）外墙砖基础长（$l_{中}$）

$$l_{中} = \left[(4.6+2.4+5.7) + (3.9+6.8+6.3) \right] \times 2$$
$$= 59.4(m)$$

（2）内墙砖基础净长（$l_{内}$）

$l_{内} = [(5.7 - 0.24) + (8.1 - 0.24) + (4.6 + 2.4 - 0.24) + (6.0 + 4.8 - 0.24) + 6.2]$

$= 36.84(m)$

清单工程量计算见表 3-41。

表 3-41　清单工程量计算表（例 3-28）

项 目 编 码	项 目 名 称	项目特征描述	工程量合计	计 量 单 位
010401001001	砖基础	1. 砖品种、规格、强度等级：烧结粘土砖，240mm×115mm×53mm，MU7.5 2. 基础类型：条形基础 3. 砂浆强度等级：M5 水泥砂浆	96.24	m

【例 3-29】　某围墙的空花墙如图 3-44 所示，请根据图中提供的已知条件，计算其砖基础清单工程量。

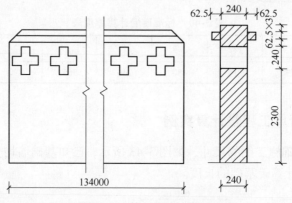

图 3-44　某空花墙示意图

【解】

（1）实砌砖墙工程量

$V_{实} = [2.3 \times 0.24 + 0.0625 \times 2 \times 0.24 + 0.0625 \times (0.0625 \times 2 + 0.24)] \times 134$

$= 81.05(m^3)$

（2）空花墙部分工程量

$$V_{空} = 0.24 \times 0.24 \times 134 = 7.72 \ (m^3)$$

清单工程量计算见表 3-42。

表 3-42　清单工程量计算表（例 3-29）

序 号	项 目 编 码	项 目 名 称	项目特征描述	工程量合计	计 量 单 位
1	010401003001	实心砖墙	1. 砖品种、规格、强度等级：烧结普通砖，240mm×115mm×53mm，MU10 2. 墙体类型：实心砖墙 3. 砂浆强度等级、配合比：M5 水泥砂浆，水泥：中砂 = 1:5.23	81.05	m³
2	010401007001	空花墙	1. 砖品种、规格、强度等级：烧结普通砖，240mm×115mm×53mm，MU10 2. 墙体类型：空花砖墙	7.72	m³

【例 3-30】　某工厂有一烟囱，如图 3-45 所示，请根据图中给出的条件，试计算该烟囱的工程量。

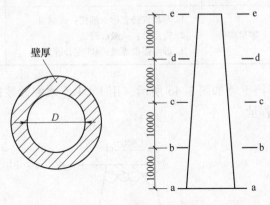

图 3-45　烟囱示意图

【解】

根据公式 $V = \sum HC\pi D$ 得：

每段中心线平均直径

$$D = \frac{外壁直径 + 内壁直径}{2}$$

设：

a-a 剖面中心直径长为 2.05m，壁厚为 0.52m；

b-b 剖面中心直径长为 1.84m，壁厚为 0.46m；

c-c 剖面中心直径长为 1.35m，壁厚为 0.31m；

d-d 剖面中心直径长为 0.96m，壁厚为 0.25m；

e-e 剖面中心直径长为 0.7m，壁厚为 0.20m。

(1) 则 a-a 至 b-b 段体积 $= \frac{1}{2} \times (2.05 + 1.84) \times 3.1416 \times 0.52 \times 10$

$$= 31.77(\text{m}^3)$$

(2) 则 b-b 至 c-c 段体积 $= \frac{1}{2} \times (1.84 + 1.35) \times 3.1416 \times 0.46 \times 10$

$$= 23.05(\text{m}^3)$$

(3) 则 c-c 至 d-d 段体积 $= \frac{1}{2} \times (1.35 + 0.96) \times 3.1416 \times 0.31 \times 10$

$$= 11.25(\text{m}^3)$$

(4) 则 d-d 至 e-e 段体积 $= \frac{1}{2} \times (0.96 + 0.7) \times 3.1416 \times 0.25 \times 10$

$$= 6.52(\text{m}^3)$$

(5) 该烟囱总体积 $= 31.77 + 23.05 + 11.25 + 6.52$

$$= 72.59(\text{m}^3)$$

清单工程量计算见表 3-43。

表 3-43　清单工程量计算表（例 3-30）

序　号	项目编码	项目名称	项目特征描述	工程量合计	计量单位
1	010401012001	零星砌砖	1. 零星砌砖名称、部位：砖烟囱 2. 砖品种：一级红砖 3. 砂浆强度等级：M5 混合砂浆	72. 59	m³

【例 3-31】　某毛石挡土墙如图 3-46 所示，用 1∶1.5 水泥砂浆砌筑毛石挡土墙 175m，计算其毛石挡土墙的工程量。

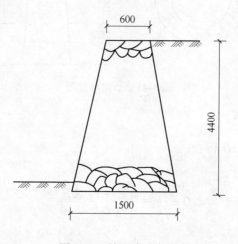

图 3-46　挡土墙示意图

【解】

石挡土墙工程量：

$$V = (0.6 + 1.5) \times 4.4 \times \frac{1}{2} \times 175$$

$$= 808.5 (\mathrm{m}^3)$$

清单工程量计算见表 3-44。

表 3-44　清单工程量计算表（例 3-31）

序　号	项目编码	项目名称	项目特征描述	工程量合计	计量单位
1	010403004001	石挡土墙	1. 石料种类：毛石 2. 砂浆强度等级、配合比：M2.5，1∶1.5 水泥砂浆	808. 5	m³

【例 3-32】　某工程 ±0.000 以下条形基础平面、剖面大样图详图如图 3-47 所示，室内外高差为 150mm。基础垫层为原槽浇注，清条石 1000mm×300mm×300mm，基础使用水泥砂浆 M7.5 砌筑，页岩标砖，砖强度等级 MU7.5，基础为 M5 水泥砂浆砌筑。室外标高为 -0.150m。垫层为 3∶7 灰土，现场拌和。试列出该工程基础垫层、石基础、砖基础的分部分项工程量清单。

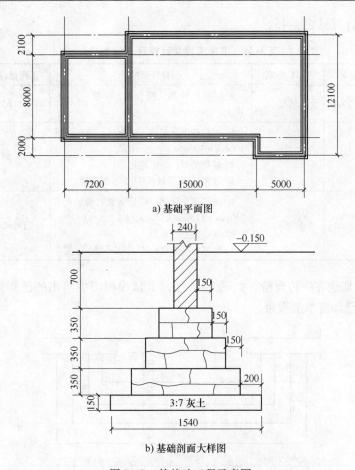

a) 基础平面图

b) 基础剖面大样图

图 3-47　某基础工程示意图

【解】

（1）垫层

$$L_外 = (27.2 + 12.1) \times 2 = 78.6(\text{m})$$

$$L_内 = 8 - 1.54 = 6.46(\text{m})$$

$$V = (78.6 + 6.46) \times 1.54 \times 0.15 = 19.65(\text{m}^3)$$

（2）石基础

$$L_外 = (27.2 + 12.1) \times 2 = 78.6(\text{m})$$

$$L_{内1} = 8 - 1.14 = 6.86(\text{m})$$

$$L_{内2} = 8 - 0.84 = 7.16(\text{m})$$

$$L_{内3} = 8 - 0.54 = 7.46(\text{m})$$

$$V = (78.6 + 6.86) \times 1.14 \times 0.35 + (78.6 + 7.16) \times 0.84 \times 0.35 +$$

$$(78.6 + 7.46) \times 0.54 \times 0.35 = 75.58(\text{m}^3)$$

（3）砖基础

$$L_外 = (27.2 + 12.1) \times 2 = 78.6(\text{m})$$

$$L_内 = 8 - 0.24 = 7.76(\text{m})$$

$$V = (78.6 + 7.76) \times 0.24 \times 0.85 = 17.62(\text{m}^3)$$

清单工程量计算见表 3-45。

表 3-45　清单工程量计算表（例 3-32）

序　号	项 目 编 码	项 目 名 称	项目特征描述	工程量合计	计 量 单 位
1	010404001001	垫层	垫层材料种类、配合比、厚度：3∶7 灰土，150mm 厚	19.65	m³
2	010403001001	石基础	1. 石材种类、规格：清条石、1000mm × 300mm × 300mm 2. 基础类型：条形基础 3. 砂浆强度等级：M7.5 水泥砂浆	75.58	m³
3	010401001001	砖基础	1. 砖品种、规格、强度等级：页岩砖、240mm × 115mm × 53mm、MU7.5 2. 基础类型：条形 3. 砂浆强度等级：M5 水泥砂浆	17.62	m³

【例 3-33】　某地有一砖台阶，如图 3-48 所示，试根据图中给出的已知条件，分别求砖台阶的定额工程量和清单工程量。

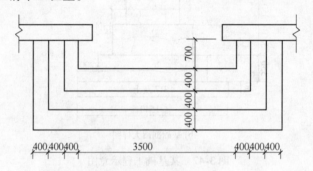

图 3-48　砖台阶示意图

【解】

砖砌台阶工程量 $= (3.5 + 0.4 \times 6) \times (0.7 + 0.4 \times 3)$

$\qquad\qquad = 11.21 (\text{m}^2)$

清单工程量计算见表 3-46。

表 3-46　清单工程量计算表（例 3-33）

序　号	项 目 编 码	项 目 名 称	项目特征描述	工程量合计	计 量 单 位
1	010401012001	零星砌砖	零星砌砖名称、部位：砖台阶	11.21	m²

【例 3-34】　如图 3-49 所示，已知毛石护坡 280m，M5 水泥砂浆砌筑，水泥砂浆勾凸缝，毛石表面按整砌毛石处理，试编制工程量清单计价表及综合单价计算表。

【解】

（1）清单工程量计算

$V = 0.44 \times 8.60 \times 280 = 1059.52 (\text{m}^3)$

（2）消耗量定额工程量计算

1）砌筑　$V = 1059.52 \text{m}^3$

2）毛石表面勾缝　$S = 280 \times 8.60 = 2408$（$m^2$）

3）毛石表面处理　$S = 280 \times 8.60 = 2408$（$m^2$）

（3）毛石护坡　工程量 $1059.52m^3$

1）人工费　$311.52 \times 1059.52/10 = 33006.167$（元）

2）材料费　$934.45 \times 1059.52/10 = 99006.846$（元）

3）机械费　$26.97 \times 1059.52/10 = 2857.525$（元）

4）小计　134870.53 元

（4）石表面勾缝　工程量 $2408m^2$

1）人工费　$20.24 \times 2408/10 = 4873.792$（元）

2）材料费　$5.73 \times 2408/10 = 1379.784$（元）

3）机械费　$0.25 \times 2408/10 = 60.2$（元）

4）小计　6313.77 元

（5）表面处理　工程量 $2408m^2$

1）人工费　$109.12 \times 2408/10 = 26276.096$（元）

2）材料费　$48.90 \times 2408/10 = 11775.12$（元）

3）机械费　无

4）小计　38051.21 元

（6）综合

1）直接费合计　179235.52 元

2）管理费　$179235.52 \times 35\% = 62732.43$（元）

3）利润　$179235.52 \times 5\% = 8961.77$（元）

4）合价　$179235.52 + 62732.43 + 8961.77 = 250929.72$（元）

5）综合单价　$250929.72 \div 1059.52 = 236.83$（元）

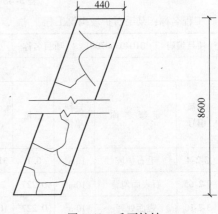

图 3-49　毛石护坡

分部分项工程和单价措施项目清单与计价表、综合单价分析见表 3-47 和表 3-48。

表 3-47　分部分项工程和单价措施项目清单与计价表（例 3-34）

工程名称：某毛石护坡砌筑工程　　　　　　　　　标段：　　　　　　　　　第　页　共　页

序号	项目编号	项目名称	项目特征描述	计量单位	工程量	金额/元	
						综合单价	合价
1	010403007001	石护坡	1. 石料种类：MU20 毛石 2. 护坡厚度：440mm 3. 石表面加工要求：毛石表面按整砌毛石处理 4. 勾缝要求：水泥砂浆勾凸缝 5. 砂浆强度等级：M5 水泥砂浆	m^3	1059.52	236.83	250929.72
		合　计					250929.72

表 3-48　综合单价分析表（例 3-34）

工程名称：某毛石护坡砌筑工程　　　　　　　　标段：　　　　　　　第　页　共　页

项目编码	010403007001	项目名称	石护坡	计量单位	m³	工程量	1059.52

综合单价组成明细

定额编号	定额名称	定额单位	数量	单价/元				合价/元			
				人工费	材料费	机械费	管理费和利润	人工费	材料费	机械费	管理费和利润
3-2-4	毛石护坡	10m³	0.1	311.52	934.45	26.97	509.176	31.15	93.45	2.70	50.92
9-2-65	石表面勾缝	10m²	0.227	20.24	5.73	0.25	10.488	4.60	1.31	0.06	2.40
3-2-10	表面处理	10m²	0.227	109.12	48.90	—	63.208	24.78	11.10	—	14.36
人工单价		小计						60.53	105.86	2.76	67.68
28 元/工日		未计价材料费						—			
清单项目综合单价								236.83			

3.6　混凝土及钢筋混凝土工程工程量清单计价与实例

3.6.1　混凝土及钢筋混凝土工程清单工程量计算规则

1. 现浇混凝土基础

现浇混凝土基础工程量清单项目设置、项目特征描述的内容、计量单位、工程量计算规则应按表 3-49 的规定执行。

表 3-49　现浇混凝土基础（编码：010501）

项目编码	项目名称	项目特征	计量单位	工程量计算规则	工作内容
010501001	垫层	1. 混凝土种类 2. 混凝土强度等级	m³	按设计图示尺寸以体积计算。不扣除伸入承台基础的桩头所占体积	1. 模板及支撑制作、安装、拆除、堆放、运输及清理模内杂物、刷隔离剂等 2. 混凝土制作、运输、浇筑、振捣、养护
010501002	带形基础				
010501003	独立基础				
010501004	满堂基础				
010501005	桩承台基础				
010501006	设备基础	1. 混凝土种类 2. 混凝土强度等级 3. 灌浆材料及其强度等级			

注：1. 有肋带形基础、无肋带形基础应按"现浇混凝土"中相关项目列项，并注明肋高。
　　2. 箱式满堂基础中柱、梁、墙、板按"现浇混凝土柱"、"现浇混凝土梁"、"现浇混凝土墙"、"现浇混凝土板"相关项目分别编码列项；箱式满堂基础底板按"现浇混凝土基础"的满堂基础项目列项。
　　3. 框架式设备基础中柱、梁、墙、板分别按"现浇混凝土柱"、"现浇混凝土梁"、"现浇混凝土墙"、"现浇混凝土板"相关项目编码列项；基础部分按"现浇混凝土基础"相关项目编码列项。
　　4. 如为毛石混凝土基础，项目特征应描述毛石所占比例。

2. 现浇混凝土柱

现浇混凝土柱工程量清单项目设置、项目特征描述的内容、计量单位、工程量计算规则应按表 3-50 的规定执行。

表 3-50　现浇混凝土柱（编码：010502）

项目编码	项目名称	项 目 特 征	计量单位	工程量计算规则	工 作 内 容
010502001	矩形柱	1. 混凝土类别 2. 混凝土强度等级	m³	按设计图示尺寸以体积计算。不扣除构件内钢筋，预埋铁件所占体积。型钢混凝土柱扣除构件内型钢所占体积 柱高： 1. 有梁板的柱高，应自柱基上表面（或楼板上表面）至上一层楼板上表面之间的高度计算 2. 无梁板的柱高，应自柱基上表面（或楼板上表面）至柱帽下表面之间的高度计算 3. 框架柱的柱高：应自柱基上表面至柱顶高度计算 4. 构造柱按全高计算，嵌接墙体部分（马牙槎）并入柱身体积 5. 依附柱上的牛腿和升板的柱帽，并入柱身体积计算	1. 模板及支架（撑）制作、安装、拆除、堆放、运输及清理模内杂物、刷隔离剂等 2. 混凝土制作、运输、浇筑、振捣、养护
010502002	构造柱				
010502003	异形柱	1. 柱形状 2. 混凝土类别 3. 混凝土强度等级			

注：混凝土种类：指清水混凝土、彩色混凝土等，如在同一地区既使用预拌（商品）混凝土，又允许现场搅拌混凝土时，也应注明（下同）。

3. 现浇混凝土梁

现浇混凝土梁工程量清单项目设置、项目特征描述的内容、计量单位、工程量计算规则应按表 3-51 的规定执行。

表 3-51　现浇混凝土梁（编码：010503）

项目编码	项目名称	项 目 特 征	计量单位	工程量计算规则	工 作 内 容
010503001	基础梁	1. 混凝土类别 2. 混凝土强度等级	m³	按设计图示尺寸以体积计算。伸入墙内的梁头、梁垫并入梁体积内 梁长： 1. 梁与柱连接时，梁长算至柱侧面 2. 主梁与次梁连接时，次梁长算至主梁侧面	1. 模板及支架（撑）制作、安装、拆除、堆放、运输及清理模内杂物、刷隔离剂等 2. 混凝土制作、运输、浇筑、振捣、养护
010503002	矩形梁				
010503003	异形梁				
010503004	圈梁				
010503005	过梁				
010503006	弧形、拱形梁				

4. 现浇混凝土墙

现浇混凝土墙工程量清单项目设置、项目特征描述的内容、计量单位、工程量计算规则应按表 3-52 的规定执行。

表 3-52　现浇混凝土墙（编码：010504）

项目编码	项目名称	项目特征	计量单位	工程量计算规则	工 作 内 容
010504001	直形墙	1. 混凝土类别 2. 混凝土强度等级	m³	按设计图示尺寸以体积计算 扣除门窗洞口及单个面积 >0.3m² 的孔洞所占体积，墙垛及凸出墙面部分并入墙体积内计算	1. 模板及支架（撑）制作、安装、拆除、堆放、运输及清理模内杂物、刷隔离剂等 2. 混凝土制作、运输、浇筑、振捣、养护
010504002	弧形墙				
010504003	短肢剪力墙				
010504004	挡土墙				

注：短肢剪力墙是指截面厚度不大于 300mm、各肢截面高度与厚度之比的最大值大于 4 但不大于 8 的剪力墙；各肢截面高度与厚度之比的最大值不大于 4 的剪力墙按柱项目编码列项。

5. 现浇混凝土板

现浇混凝土板工程量清单项目设置、项目特征描述的内容、计量单位、工程量计算规则应按表 3-53 的规定执行。

表 3-53　现浇混凝土板（编码：010505）

项目编码	项目名称	项目特征	计量单位	工程量计算规则	工 作 内 容
010505001	有梁板	1. 混凝土种类 2. 混凝土强度等级	m³	按设计图示尺寸以体积计算。不扣除构件内钢筋、预理铁件及单个面积 ≤0.3m² 的柱、垛以及孔洞所占体积 压形钢板混凝土楼板扣除构件内压形钢板所占体积 有梁板（包括主、次梁与板）按梁、板体积之和计算，无梁板按板和柱帽体积之和计算，各类板伸入墙内的板头并入板体积内，薄壳板的肋、基梁并入薄壳体积内计算	1. 模板及支架（撑）制作、安装、拆除、堆放、运输及清理模内杂物、刷隔离剂等 2. 混凝土制作、运输、浇筑、振捣、养护
010505002	无梁板				
010505003	平板				
010505004	拱板				
010505005	薄壳板				
010505006	栏板				
010505007	天沟（檐沟）、挑檐板			按设计图示尺寸以体积计算	
010505008	雨篷、悬挑板、阳台板			按设计图示尺寸以墙外部分体积计算。包括伸出墙外的牛腿和雨篷反挑檐的体积	
010505009	空心板			按设计图示尺寸以体积计算。空心板（GBF 高强薄壁蜂巢芯板等）应扣除空心部分体积	
010505010	其他板			按设计图示尺寸以体积计算	

注：现浇挑檐、天沟板、雨篷、阳台与板（包括屋面板、楼板）连接时，以外墙外边线为分界线；与圈梁（包括其他梁）连接时，以梁外边线为分界线。外边线以外为挑檐、天沟、雨篷或阳台。

6. 现浇混凝土楼梯

现浇混凝土楼梯工程量清单项目设置、项目特征描述的内容、计量单位、工程量计算规则应按表 3-54 的规定执行。

表 3-54　现浇混凝土楼梯（编码：010506）

项目编码	项目名称	项目特征	计量单位	工程量计算规则	工程内容
010506001	直形楼梯	1. 混凝土类别 2. 混凝土强度等级	1. m² 2. m³	1. 以平方米计量，按设计图示尺寸以水平投影面积计算。不扣除宽度≤500mm 的楼梯井，伸入墙内部分不计算 2. 以立方米计量，按设计图示尺寸以体积计算	1. 模板及支架（承）制作、安装、拆除、堆放、运输及清理模内杂物、刷隔离剂等 2. 混凝土制作、运输、浇筑、振捣、养护
010506002	弧形楼梯				

注：整体楼梯（包括直形楼梯、弧形楼梯）水平投影面积包括休息平台、平台梁、斜梁和楼梯的连接梁。当整体楼梯与现浇楼板无梯梁连接时，以楼梯的最后一个踏步边缘加 300mm 为界。

7. 现浇混凝土其他构件

现浇混凝土其他构件工程量清单项目设置、项目特征描述的内容、计量单位、工程量计算规则应按表 3-55 的规定执行。

表 3-55　现浇混凝土其他构件（编码：010507）

项目编码	项目名称	项目特征	计量单位	工程量计算规则	工程内容
010507001	散水、坡道	1. 垫层材料种类、厚度 2. 面层厚度 3. 混凝土种类 4. 混凝土强度等级 5. 变形缝填塞材料种类	m²	以平方米计量，按设计图示尺寸以面积计算，不扣除单个≤0.3m² 的孔洞所占面积	1. 地基夯实 2. 铺设垫层 3. 模板及支撑制作、安装、拆除、堆放、运输及清理模内杂物、刷隔离剂等 4. 混凝土制作、运输、浇筑、振捣、养护 5. 变形缝填塞
010507002	室外地坪	1. 地坪厚度 2. 混凝土强度等级			
010507003	电缆沟、地沟	1. 土壤类别 2. 沟截面净空尺寸 3. 垫层材料种类、厚度 4. 混凝土类别 5. 混凝土强度等级 6. 防护材料种类	m	按设计图示以中心线长度计算	1. 挖填、运土石方 2. 铺设垫层 3. 模板及支撑制作、安装、拆除、堆放、运输及清理模内杂、刷隔离剂等 4. 混凝土制作、运输、浇筑、振捣、养护 5. 刷防护材料
010507004	台阶	1. 踏步高、宽 2. 混凝土种类 3. 混凝土强度等级	1. m² 2. m³	1. 以平方米计量，按设计图示尺寸水平投影面积计算 2. 以立方米计量，按设计图示尺寸以体积计算	1. 模板及支撑制作、安装、拆除、堆放、运输及清理模内杂物、刷隔离剂等 2. 混凝土制作、运输、浇筑、振捣、养护
010507005	扶手、压顶	1. 断面尺寸 2. 混凝土种类 3. 混凝土强度等级	1. m 2. m³	1. 以米计量，按设计图示的中心线延长米计算 2. 以立方米计量，按设计图示尺寸以体积计算	1. 模板及支架（撑）制作、安装、拆除、堆放、运输及清理模内杂物、刷隔离剂等 2. 混凝土制作、运输、浇筑、振捣、养护

（续）

项目编码	项目名称	项目特征	计量单位	工程量计算规则	工程内容
010507006	化粪池、检查井	1. 断面尺寸 2. 混凝土强度等级 3. 防水、抗渗要求	1. m³ 2. 座	1. 按设计图示尺寸以体积计算。 2. 以座计算，按设计图示数量计算	1. 模板及支架（撑）制作、安装、拆除、堆放、运输及清理模内杂物、刷隔离剂等 2. 混凝土制作、运输、浇筑、振捣、养护
01050707	其他构件	1. 构件的类型 2. 构件规格 3. 部位 4. 混凝土种类 5. 混凝土强度等级	m³		

注：1. 现浇混凝土小型池槽、垫块、门框等，应按"现浇混凝土其他构件"中其他构件项目编码列项。
　　2. 架空式混凝土台阶，按现浇楼梯计算。

8. 后浇带

后浇带工程量清单项目设置、项目特征描述的内容、计量单位、工程量计算规则应按表 3-56 的规定执行。

表 3-56　后浇带（编码：010508）

项目编码	项目名称	项目特征	计量单位	工程量计算规则	工程内容
010508001	后浇带	1. 混凝土种类 2. 混凝土强度等级	m³	按设计图示尺寸以体积计算	1. 模板及支架（撑）制作、安装、拆除、堆放、运输及清理模内杂物、刷隔离剂等 2. 混凝土制作、运输、浇筑、振捣、养护及混凝土交接面、钢筋等的清理

9. 预制混凝土柱

预制混凝土柱工程量清单项目设置、项目特征描述的内容、计量单位、工程量计算规则应按表 3-57 的规定执行。

表 3-57　预制混凝土柱（编码：010509）

项目编码	项目名称	项目特征	计量单位	工程量计算规则	工程内容
010509001	矩形柱	1. 图代号 2. 单件体积 3. 安装高度 4. 混凝土强度等级 5. 砂浆（细石混凝土）强度等级、配合比	1. m³ 2. 根	1. 以立方米计量，按设计图示尺寸以体积计算。 2. 以根计量，按设计图示尺寸以数量计算	1. 模板制作、安装、拆除、堆放、运输及清理模内杂物、刷隔离剂等 2. 混凝土制作、运输、浇筑、振捣、养护 3. 构件运输、安装 4. 砂浆制作、运输 5. 接头灌缝、养护
010509002	异形柱				

注：以根计量，必须描述单件体积。

10. 预制混凝土梁

预制混凝土梁工程量清单项目设置、项目特征描述的内容、计量单位、工程量计算规则应按表 3-58 的规定执行。

表 3-58　预制混凝土梁（编码：010510）

项目编码	项目名称	项目特征	计量单位	工程量计算规则	工程内容
010510001	矩形梁	1. 图代号 2. 单件体积 3. 安装高度 4. 混凝土强度等级 5. 砂浆（细石混凝土）强度等级、配合比	1. m³ 2. 根	1. 以立方米计量，按设计图示尺寸以体积计算 2. 以根计量，按设计图示尺寸以数量计算	1. 模板制作、安装、拆除、堆放、运输及清理模内杂物、刷隔离剂等 2. 混凝土制作、运输、浇筑、振捣、养护 3. 构件运输、安装 4. 砂浆制作、运输 5. 接头灌缝、养护
010510002	异形梁				
010510003	过梁				
010510004	拱形梁				
010510005	鱼腹式吊车梁				
010510006	其他梁				

注：以根计量，必须描述单件体积。

11. 预制混凝土屋架

预制混凝土屋架工程量清单项目设置、项目特征描述的内容、计量单位、工程量计算规则应按表 3-59 的规定执行。

表 3-59　预制混凝土屋架（编码：010511）

项目编码	项目名称	项目特征	计量单位	工程量计算规则	工程内容
010511001	折线型	1. 图代号 2. 单件体积 3. 安装高度 4. 混凝土强度等级 5. 砂浆（细石混凝土）强度等级、配合比	1. m³ 2. 榀	1. 以立方米计量，按设计图示尺寸以体积计算 2. 以榀计量，按设计图示尺寸以数量计算	1. 模板制作、安装、拆除、堆放、运输及清理模内杂物、刷隔离剂等 2. 混凝土制作、运输、浇筑、振捣、养护 3. 构件运输、安装 4. 砂浆制作、运输 5. 接头灌缝、养护
010511002	组合				
010511003	薄腹				
010511004	门式刚架				
010511005	天窗架				

注：1. 以榀计量，必须描述单件体积。
　　2. 三角形屋架应按"预制混凝土屋架"中折线型屋架项目编码列项。

12. 预制混凝土板

预制混凝土板工程量清单项目设置、项目特征描述的内容、计量单位、工程量计算规则应按表 3-60 的规定执行。

表 3-60　预制混凝土板（编码：010512）

项目编码	项目名称	项目特征	计量单位	工程量计算规则	工程内容
010512001	平板	1. 图代号 2. 单件体积 3. 安装高度 4. 混凝土强度等级 5. 砂浆（细石混凝土）强度等级、配合比	1. m³ 2. 块	1. 以立方米计量，按设计图示尺寸以体积计算。不扣除单个面积≤300mm×300mm 的孔洞所占体积，扣除空心板空洞体积 2. 以块计量，按设计图示尺寸以"数量"计算	1. 模板制作、安装、拆除、堆放、运输及清理模内杂物、刷隔离剂等 2. 混凝土制作、运输、浇筑、振捣、养护 3. 构件运输、安装 4. 砂浆制作、运输 5. 接头灌缝、养护
010512002	空心板				
010512003	槽形板				
010512004	网架板				
010512005	折线板				
010512006	带肋板				
010512007	大型板				
010512008	沟盖板、井盖板、井圈	1. 单件体积 2. 安装高度 3. 混凝土强度等级 4. 砂浆强度等级、配合比	1. m³ 2. 块（套）	1. 以立方米计量，按设计图示尺寸以体积计算 2. 以块计量，按设计图示尺寸以"数量"计算	

注：1. 以块、套计量，必须描述单件体积。
　　2. 不带肋的预制遮阳板、雨篷板、挑檐板、拦板等，应按"预制混凝土板"中平板项目编码列项。
　　3. 预制 F 形板、双 T 形板、单肋板和带反挑檐的雨篷板、挑檐板、遮阳板等，应按"预制混凝土板"中带肋板项目编码列项。
　　4. 预制大型墙板、大型楼板、大型屋面板等，应按"预制混凝土板"中大型板项目编码列项。

13. 预制混凝土楼梯

预制混凝土楼梯工程量清单项目设置及工程量计算规则，应按表3-61的规定执行。

表3-61　预制混凝土楼梯（编码：010513）

项目编码	项目名称	项目特征	计量单位	工程量计算规则	工程内容
010513001	楼梯	1. 楼梯类型 2. 单件体积 3. 混凝土强度等级 4. 砂浆（细石混凝土）强度等级	1. m³ 2. 段	1. 以立方米计量，按设计图示尺寸以体积计算。扣除空心踏步板空洞体积 2. 以段计量，按设计图示数量计算	1. 模板制作、安装、拆除、堆放、运输及清理模内杂物、刷隔离剂等 2. 混凝土制作、运输、浇筑、振捣、养护 3. 构件运输、安装 4. 砂浆制作、运输 5. 接头灌缝、养护

注：以块计量，必须描述单件体积。

14. 其他预制构件

其他预制构件工程量清单项目设置、项目特征描述的内容、计量单位、工程量计算规则应按表3-62的规定执行。

表3-62　其他预制构件（编码：010514）

项目编码	项目名称	项目特征	计量单位	工程量计算规则	工程内容
010514001	垃圾道、通风道、烟道	1. 单件体积 2. 混凝土强度等级 3. 砂浆强度等级	1. m³ 2. m² 3. 根（块、套）	1. 以立方米计量，按设计图示尺寸以体积计算。不扣除单个面积≤300mm×300mm的孔洞所占体积，扣除烟道、垃圾道、通风道的孔洞所占体积 2. 以平方米计量，按设计图示尺寸以面积计算。不扣除单个面积≤300mm×300mm的孔洞所占面积 3. 以根计量，按设计图示尺寸以数量计算	1. 模板制作、安装、拆除、堆放、运输及清理模内杂物、刷隔离剂等 2. 混凝土制作、运输、浇筑、振捣、养护 3. 构件运输、安装 4. 砂浆制作、运输 5. 接头灌缝、养护
010514002	其他构件	1. 单件体积 2. 构件的类型 3. 混凝土强度等级 4. 砂浆强度等级			

注：1. 以块、根计量，必须描述单件体积。
　　2. 预制钢筋混凝土小型池槽、压顶、扶手、垫块、隔热板、花格等，按"其他预制构件"中其他构件项目编码列项。

15. 钢筋工程

钢筋工程工程量清单项目设置、项目特征描述的内容、计量单位、工程量计算规则应按表3-63的规定执行。

表 3-63　钢筋工程（编码：010515）

项目编码	项目名称	项目特征	计量单位	工程量计算规则	工程内容
010515001	现浇构件钢筋	钢筋种类、规格	t	按设计图示钢筋（网）长度（面积）乘以单位理论质量计算	1. 钢筋制作、运输 2. 钢筋安装 3. 焊接（绑扎）
010515002	预制构件钢筋				
010515003	钢筋网片				1. 钢筋网制作、运输 2. 钢筋网安装 3. 焊接（绑扎）
010515004	钢筋笼				1. 钢筋笼制作、运输 2. 钢筋笼安装 3. 焊接（绑扎）
010515005	先张法预应力钢筋	1. 钢筋种类、规格 2. 锚具种类		按设计图示钢筋长度乘以单位理论质量计算	1. 钢筋制作、运输 2. 钢筋张拉
010515006	后张法预应力钢筋	1. 钢筋种类、规格 2. 钢丝种类、规格 3. 钢铰线种类、规格 4. 锚具种类 5. 砂浆强度等级		按设计图示钢筋（丝束、绞线）长度乘以单位理论质量计算 1. 低合金钢筋两端均采用螺杆锚具时，钢筋长度按孔道长度减 0.35m 计算，螺杆另行计算 2. 低合金钢筋一端采用镦头插片，另一端采用螺杆锚具时，钢筋长度按孔道长度计算，螺杆另行计算 3. 低合金钢筋一端采用镦头插片，另一端采用帮条锚具时，钢筋增加 0.15m 计算，两端均采用帮条锚具时，钢筋长度按孔道长度增加 0.3m 计算 4. 低合金钢筋采用后张混凝土自锚时，钢筋长度按孔道长度增加 0.35m 计算 5. 低合金钢筋（钢绞线）采用 JM、XM、QM 型锚具，孔道长度≤20m 时，钢筋长度增加 1m 计算，孔道长度 >20m 时，钢筋长度增加 1.8m 计算 6. 碳素钢丝采用锥形锚具，孔道长度≤20m 时，钢丝束长度按孔道长度增加 1m 计算，孔道长度 >20m 时，钢丝束长度按孔道长度增加 1.8m 计算 7. 碳素钢丝采用镦头锚具时，钢丝束长度按孔道长度增加 0.35m 计算	1. 钢筋、钢丝、钢绞线制作、运输 2. 钢筋、钢丝、钢绞线安装 3. 预埋管孔道铺设 4. 锚具安装 5. 砂浆制作、运输 6. 孔道压浆、养护
010515007	预应力钢丝				
010515008	预应力钢绞线				

（续）

项目编码	项目名称	项目特征	计量单位	工程量计算规则	工程内容
010515009	支撑钢筋（铁马）	1. 钢筋种类 2. 规格	t	按钢筋长度乘以单位理论质量计算	钢筋制作、焊接、安装
010515010	声测管	1. 材质 2. 规格型号		按设计图示尺寸以质量计算	1. 检测管截断、封头 2. 套管制作、焊接 3. 定位、固定

注：1. 现浇构件中伸出构件的锚固钢筋应并入钢筋工程量内。除设计（包括规范规定）标明的搭接外，其他施工搭接不计算工程量，在综合单价中综合考虑。

　　2. 现浇构件中固定位置的支撑钢筋、双层钢筋用的"铁马"在编制工程量清单时，如果设计未明确，其工程数量可为暂估量，结算时按现场签证数量计算。

16. 螺栓、铁件

螺栓、铁件工程量清单项目设置及工程量计算规则，应按表3-64的规定执行。

表3-64　螺栓、铁件（编码：010516）

项目编码	项目名称	项目特征	计量单位	工程量计算规则	工程内容
010516001	螺栓	1. 螺栓种类 2. 规格	t	按设计图示尺寸以质量计算	1. 螺栓、铁件制作、运输 2. 螺栓、铁件安装
010516002	预埋铁件	1. 钢材种类 2. 规格 3. 铁件尺寸			
010516003	机械连接	1. 连接方式 2. 螺纹套筒种类 3. 规格	个	按数量计算	1. 钢筋套丝 2. 套筒连接

注：编制工程量清单时，如果设计未明确，其工程数量可为暂估量，实际工程量按现场签证数量计算。

17. 混凝土及钢筋混凝土工程其他相关问题及说明

预制混凝土构件或预制钢筋混凝土构件，如施工图设计标注做法见标准图集时，项目特征注明标准图集的编码、页号及节点大样即可。

现浇或预制混凝土和钢筋混凝土构件，不扣除构件内钢筋、螺栓、预埋铁件、张拉孔道所占体积，但应扣除劲性骨架的型钢所占体积。

3.6.2　混凝土及钢筋混凝土工程清单工程量计算实例

【例3-35】　预制槽形板示意图如图3-50所示，根据图中给出的已知条件，计算其工程量。

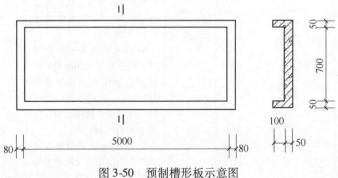

图3-50　预制槽形板示意图

【解】

预制槽形板工程量：

$$V = 0.1 \times 0.08 \times \left[(5 + 0.08 \times 2) + 0.7 \times 2) \right] + 0.05 \times (0.7 + 0.05 \times 2) \times 5$$
$$= 0.5248 + 0.2$$
$$= 0.25 (\text{m}^3)$$

清单工程量计算表见表 3-65。

表 3-65　清单工程量计算表（例 3-35）

序号	项目编码	项目名称	项目特征描述	工程量合计	计量单位
1	010512003001	槽形板	图代号：槽形板尺寸如图 3-50	0.25	m³

【例 3-36】　某预制混凝土矩形柱，如图 3-51 所示，已知柱的断面为 440mm × 440mm，试计算其清单工程量。

【解】

矩形柱工程量：

$$V = 0.44 \times 0.44 \times 3.55$$
$$= 0.69 (\text{m}^3)$$

清单工程量计算见表 3-66。

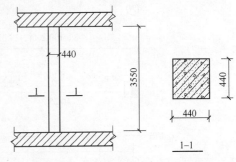

图 3-51　预制混凝土矩形柱示意图

表 3-66　清单工程量计算表（例 3-36）

序号	项目编码	项目名称	项目特征描述	工程量合计	计量单位
1	010509001001	矩形柱	1. 混凝土种类：预制混凝土 2. 混凝土强度等级：C30	0.69	m³

【例 3-37】　如图 3-52 所示为某现浇混凝土构造柱。已知柱高 4.2m，断面尺寸 380mm × 380mm，与砖墙咬接 50mm，试计算其清单工程量。

【解】

混凝土构造柱工程量：

$$V = (0.38 \times 0.38 + 0.05 \times 0.38 \times 2) \times 4.2$$
$$= 0.77 (\text{m}^3)$$

清单工程量计算见表 3-67。

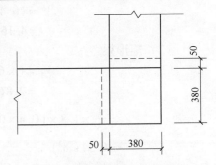

图 3-52　混凝土构造柱平面图

表 3-67　清单工程量计算表（例 3-37）

序号	项目编码	项目名称	项目特征描述	工程量合计	计量单位
1	010502002001	构造柱	1. 混凝土种类：现浇混凝土 2. 混凝土强度等级：C20	0.77	m³

【例 3-38】　某工程钢筋混凝土框架（KJ₁）2 根，尺寸如图 3-53 所示，混凝土强度等级柱为 C40，梁为 C30，混凝土采用泵送商品混凝土，由施工企业自行采购，根据招标文件要求，现浇混凝土构件实体项目包含模板工程。试计算该钢筋混凝土框架（KJ₁）柱、梁的工程量。

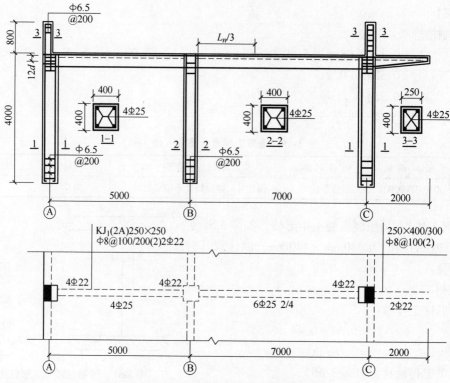

图 3-53　某工程钢筋混凝土框架示意图

【解】

根据规范规定，梁与柱连接时，梁长算至柱侧面；不扣除构件内钢筋所占体积。

（1）矩形柱

$$V = (0.4 \times 0.4 \times 4 \times 3 + 0.4 \times 0.25 \times 0.8 \times 2) \times 2$$
$$= 4.16(\text{m}^3)$$

（2）矩形梁

$$V_1 = (4.6 \times 0.25 \times 0.5 + 6.6 \times 0.25 \times 0.50) \times 2$$
$$= 2.8(\text{m}^3)$$

$$V_2 = \frac{1}{3} \times 1.8 \times (0.4 \times 0.25 + 0.25 \times 0.3 + \sqrt{0.4 \times 0.25 \times 0.25 \times 0.3}) \times 2$$
$$= 0.31(\text{m}^3)$$

$$V = V_1 + V_2$$
$$= 2.8 + 0.31 = 3.11(\text{m}^3)$$

清单工程量计算见表 3-68。

表 3-68　清单工程量计算表（例 3-38）

序号	项目编码	项目名称	项目特征描述	工程量合计	计量单位
1	010502001001	矩形柱	1. 混凝土种类：商品混凝土 2. 混凝土强度等级：C40	4.16	m³
2	010503002001	矩形梁	1. 混凝土种类：商品混凝土 2. 混凝土强度等级：C30	3.11	m³

【例 3-39】 如图 3-54 所示现浇混凝土矩形柱，混凝土强度等级 C25，现场搅拌混凝土，钢筋及模板计算从略。试编制其工程量综合单价及合价表。

【解】

（1）矩形柱混凝土工程量

$$V = 0.45 \times 0.45 \times (4.7 + 4.1)$$
$$= 1.78 \, (\text{m}^3)$$

（2）现浇混凝土矩形柱

1）C25 现浇混凝土矩形柱

① 人工费：$421.52 \times 1.78/10 = 75.03$ （元）

② 材料费：$1524.39 \times 1.78/10 = 271.34$ （元）

③ 机械费：$9.01 \times 1.78/10 = 1.60$ （元）

④ 小计：347.97 元

2）现场搅拌混凝土

① 人工费：$50.38 \times 1.78/10 = 8.97$ （元）

② 材料费：$13.91 \times 1.78/10 = 2.48$ （元）

③ 机械费：$56.52 \times 1.78/10 = 10.06$ （元）

④ 小计：21.51 元

（3）综合

① 直接费合计：369.48 元

② 管理费：$369.48 \times 34\% = 125.62$ （元）

③ 利润：$369.48 \times 8\% = 29.56$ （元）

④ 合价：$369.48 + 125.62 + 29.56 = 524.66$ （元）

⑤ 综合单价：$524.66 \div 1.78 = 294.75$ （元）

分部分项工程和单价措施项目清单与计价、综合单价分析见表 3-69 和表 3-70。

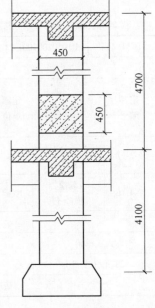

图 3-54 现浇钢筋混凝土矩形柱

表 3-69 分部分项工程和单价措施项目清单与计价表（例 3-39）

工程名称：某毛石护坡砌筑工程 　　　　标段： 　　　　第 页 共 页

序号	项目编号	项目名称	项目特征描述	计量单位	工程量	金额/元	
						综合单价	合价
1	010502001001	矩形柱	1. 混凝土种类：现浇混凝土 2. 混凝土强度等级：C25	m³	1.78	294.75	524.66
		合　计					524.66

表 3-70　综合单价分析表（例 3-39）

工程名称：某毛石护坡砌筑工程　　　　　　　　标段：　　　　　　　　第　页　共　页

项目编码	010502001001	项目名称	矩形柱	计量单位	m³	工程量	1.78

综合单价组成明细

定额编号	定额名称	定额单位	数量	单价/元				合价/元			
				人工费	材料费	机械费	管理费和利润	人工费	材料费	机械费	管理费和利润
4-2-17	C25 现浇混凝土矩形柱	10m³	0.1	421.52	1524.39	9.01	821.07	42.15	152.44	0.90	82.11
4-4-16	现场搅拌混凝土	10m³	0.1	50.38	13.91	56.52	50.74	5.04	1.39	5.65	5.07
人工单价			小　　计					47.19	153.83	6.55	87.18
28 元/（工日）			未计价材料费					—			
清单项目综合单价								294.75			

【**例 3-40**】　如图 3-55 所示为现浇混凝土板，板厚 240mm，混凝土强度等级 C25（石子 <20mm），现场搅拌混凝土，钢筋及模板计算从略。试编制其工程量综合单价及合价表。

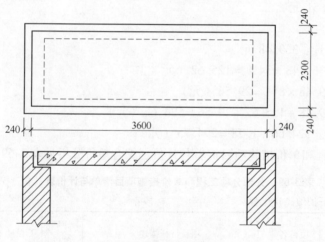

图 3-55　现浇混凝土平板

【**解**】

（1）板工程量

$$V = 3.6 \times 2.3 \times 0.24$$
$$= 1.99(\text{m}^3)$$

（2）现浇混凝土平板

1）现浇混凝土平板 C25

① 人工费：$242.44 \times 1.99/10 = 48.25$（元）

② 材料费：$1691.50 \times 1.99/10 = 336.61$（元）

③ 机械费：$8.07 \times 1.99/10 = 1.61$（元）

④ 小计：386.47 元

2）现场搅拌混凝土

① 人工费：50.38 × 1.99/10 = 10.03（元）

② 材料费：13.91 × 1.99/10 = 2.77（元）

③ 机械费：56.52 × 1.99/10 = 11.25（元）

④ 小计：24.05 元

（3）综合

① 直接费合计：410.52 元

② 管理费：410.52 × 34% = 139.58（元）

③ 利润：410.52 × 8% = 32.84（元）

④ 合价：410.52 + 139.58 + 32.84 = 582.94（元）

⑤ 综合单价：582.94 ÷ 1.99 = 292.93（元）

分部分项工程和单价措施项目清单与计价、综合单价分析见表 3-71 和表 3-72。

表 3-71　分部分项工程和单价措施项目清单与计价表（例 3-40）

工程名称：某毛石护坡砌筑工程　　　　　　　标段：　　　　　　　第 页 共 页

序号	项目编号	项目名称	项目特征描述	计量单位	工程量	金额/元	
						综合单价	合价
1	010512001001	平板	1. 混凝土种类：现浇混凝土 2. 混凝土强度等级：C25	m³	1.99	292.93	582.94
			合　　计				582.94

表 3-72　综合单价分析表（例 3-40）

工程名称：某毛石护坡砌筑工程　　　　　　　标段：　　　　　　　第 页 共 页

项目编码	010512001001	项目名称	平板	计量单位	m³	工程量	1.99

综合单价组成明细

定额编号	定额名称	定额单位	数量	单价/元				合价/元			
				人工费	材料费	机械费	管理费和利润	人工费	材料费	机械费	管理费和利润
4-2-38	现浇混凝土平板 C25	10m³	0.1	242.44	1691.50	8.07	815.64	24.24	169.15	0.81	81.57
4-4-16	现场搅拌混凝土	10m³	0.1	50.38	13.91	56.52	50.74	5.04	1.39	5.65	5.08
人工单价			小　计					29.28	170.54	6.46	86.65
28 元/（工日）			未计价材料费					—			
	清单项目综合单价							292.93			

3.7　金属结构工程工程量清单计价与实例

3.7.1　金属结构工程清单工程量计算规则

1. 钢网架

钢网架工程量清单项目设置、项目特征描述、计量单位及工程量计算规则应按表 3-73 的规定执行。

表 3-73　钢网架（编码：010601）

项目编码	项目名称	项目特征	计量单位	工程量计算规则	工程内容
010601001	钢网架	1. 钢材品种、规格 2. 网架节点形式、连接方式 3. 网架跨度、安装高度 4. 探伤要求 5. 防火要求	t	按设计图示尺寸以质量计算，不扣除孔眼的质量，焊条、铆钉、螺栓等不另增加质量	1. 拼装 2. 安装 3. 探伤 4. 补刷油漆

2. 钢屋架、钢托架、钢桁架、钢架桥

钢屋架、钢托架、钢桁架、钢架桥工程量清单项目设置、项目特征描述、计量单位及工程量计算规则应按表 3-74 的规定执行。

表 3-74　钢屋架、钢托架、钢桁架、钢架桥（编码：010602）

项目编码	项目名称	项目特征	计量单位	工程量计算规则	工程内容
010602001	钢屋架	1. 钢材品种、规格 2. 单榀质量 3. 屋架跨度、安装高度 4. 螺栓种类 5. 探伤要求 6. 防火要求	1. 榀 2. t	1. 以榀计量，按设计图示数量计算 2. 以吨计量，按设计图示尺寸以质量计算。不扣除孔眼的质量，焊条、铆钉、螺栓等不另增加质量	1. 拼装 2. 安装 3. 探伤 4. 补刷油漆
010602002	钢托架	1. 钢材品种、规格 2. 单榀质量 3. 安装高度 4. 螺栓种类 5. 探伤要求 6. 防火要求	t	按设计图示尺寸以质量计算，不扣除孔眼的质量，焊条、铆钉、螺栓等不另增加质量	
010602003	钢桁架				
010602004	钢桥架	1. 桥架类型 2. 钢材品种、规格 3. 单榀质量 4. 安装高度 5. 螺栓种类 6. 探伤要求			

注：以榀计量，按标准图设计的应注明标准图代号，按非标准图设计的项目特征必须描述单榀屋架的质量。

3. 钢柱

钢柱工程量清单项目设置、项目特征描述、计量单位及工程量计算规则应按表 3-75 的规定执行。

表 3-75　钢柱（编码：010603）

项目编码	项目名称	项目特征	计量单位	工程量计算规则	工程内容
010603001	实腹钢柱	1. 柱类型 2. 钢材品种、规格 3. 单根柱质量	t	按设计图示尺寸以质量计算。不扣除孔眼的质量，焊条、铆钉、螺栓等不另增加质量，依附在钢柱上的牛腿及悬臂梁等并入钢柱工程量内	1. 拼装 2. 安装 3. 探伤 4. 补刷油漆
010603002	空腹钢柱	4. 螺栓种类 5. 探伤要求 6. 防火要求			
010603003	钢管柱	1. 钢材品种、规格 2. 单根柱重量 3. 螺栓种类 4. 探伤要求 5. 防火要求		按设计图示尺寸以质量计算。不扣除孔眼的质量，焊条、铆钉、螺栓等不另增加质量，钢管柱上的节点板、加强环、内衬管、牛腿等并入钢管柱工程量内	

注：1. 实腹钢柱类型指十字、T、L、H 形等。
　　2. 空腹钢柱类型指箱形、格构等。
　　3. 型钢混凝土柱浇筑钢筋混凝土，其混凝土和钢筋应按"混凝土及钢筋混凝土工程"中相关项目编码列项。

4. 钢梁

钢梁工程量清单项目设置、项目特征描述、计量单位及工程量计算规则应按表 3-76 的规定执行。

表 3-76　钢梁（编码：010604）

项目编码	项目名称	项目特征	计量单位	工程量计算规则	工程内容
010604001	钢梁	1. 梁类型 2. 钢材品种、规格 3. 单根重量 4. 螺栓种类 5. 安装高度 6. 探伤要求 7. 防火要求	t	按设计图示尺寸以质量计算，不扣除孔眼的质量，焊条、铆钉、螺栓等不另增加质量，制动梁、制动板、制动桁架、车挡并入钢吊车梁工程量内	1. 拼装 2. 安装 3. 探伤 4. 补刷油漆
010604002	钢吊车梁	1. 钢材品种、规格 2. 单根质量 3. 螺栓种类 4. 安装高度 5. 探伤要求 6. 防火要求			

注：1. 梁类型指 H、L、T 形、箱形、格构式等。
　　2. 型钢混凝土梁浇筑钢筋混凝土，其混凝土和钢筋应按"混凝土及钢筋混凝土工程"中相关项目编码列项。

5. 钢板楼板、墙板

钢板楼板、墙板工程量清单项目设置、项目特征描述、计量单位及工程量计算规则应按表 3-77 的规定执行。

表 3-77　钢板楼板、墙板（编码：010605）

项目编码	项目名称	项目特征	计量单位	工程量计算规则	工程内容
010605001	钢板楼板	1. 钢材品种、规格 2. 钢板厚度 3. 螺栓种类 4. 防火要求	m²	按设计图示尺寸以铺设水平投影面积计算，不扣除单个面积≤0.3m²柱、垛及孔洞所占面积	1. 拼装 2. 安装 3. 探伤 4. 补刷油漆
010605002	钢板墙板	1. 钢材品种、规格 2. 钢板厚度、复合板厚度 3. 螺栓种类 4. 复合板夹芯材料种类、层数、型号、规格 5. 防火要求		按设计图示尺寸以铺挂面积计算，不扣除单个面积≤0.3m²的梁、孔洞所占面积，包角、包边、窗台泛水等不另加面积	

注：1. 钢板楼板上浇筑钢筋混凝土，其混凝土和钢筋应按"混凝土及钢筋混凝土工程"中相关项目编码列项。
　　2. 压型钢楼板按"钢板楼板、墙板"中钢板楼板项目编码列项。

6. 钢构件

钢构件工程量清单项目设置、项目特征描述、计量单位及工程量计算规则应按表 3-78 的规定执行。

表 3-78　钢构件（编码：010606）

项目编码	项目名称	项目特征	计量单位	工程量计算规则	工程内容
010606001	钢支撑、钢拉条	1. 钢材品种、规格 2. 构件类型 3. 安装高度 4. 螺栓种类 5. 探伤要求 6. 防火要求	t	按设计图示尺寸以质量计算，不扣除孔眼的质量，焊条、铆钉、螺栓等不另增加质量	1. 拼装 2. 安装 3. 探伤 4. 补刷油漆
010606002	钢檩条	1. 钢材品种、规格 2. 构件类型 3. 单根质量 4. 安装高度 5. 螺栓种类 6. 探伤要求 7. 防火要求			
010606003	钢天窗架	1. 钢材品种、规格 2. 单榀质量 3. 安装高度 4. 螺栓种类 5. 探伤要求 6. 防火要求			

（续）

项目编码	项目名称	项目特征	计量单位	工程量计算规则	工程内容
010606004	钢挡风架	1. 钢材品种、规格 2. 单榀质量			
010606005	钢墙架	3. 螺栓种类 4. 探伤要求 5. 防火要求		按设计图示尺寸以质量计算，不扣除孔眼的质量，焊条、铆钉、螺栓等不另增加质量	
010606006	钢平台	1. 钢材品种、规格 2. 螺栓种类 3. 防火要求			
010606007	钢走道				
010606008	钢梯	1. 钢材品种、规格 2. 钢梯形式 3. 螺栓种类 4. 防火要求	t		1. 拼装 2. 安装 3. 探伤 4. 补刷油漆
010606009	钢栏杆	1. 钢材品种、规格 2. 防火要求			
010606010	钢漏斗	1. 钢材品种、规格 2. 漏斗、天沟形式 3. 安装高度 4. 探伤要求		按设计图示尺寸以质量计算，不扣除孔眼的质量，焊条、铆钉、螺栓等不另增加质量，依附漏斗或天沟的型钢并入漏斗或天沟工程量内	
010606011	钢板天沟				
010606012	钢支架	1. 钢材品种、规格 2. 安装高度 3. 防火要求		按设计图示尺寸以质量计算，不扣除孔眼的质量，焊条、铆钉、螺栓等不另增加质量	
010606013	零星钢构件	1. 构件名称 2. 钢材品种、规格			

注：1. 钢墙架项目包括墙架柱、墙架梁和连接杆件。
　　2. 钢支撑、钢拉条类型指单式、复式；钢檩条类型指型钢式、格构式；钢漏斗形式指方形、圆形；天沟形式指矩形沟或半圆形沟。
　　3. 加工铁件等小型构件，按"钢构件"中零星钢构件项目编码列项。

7. 金属制品

金属制品工程量清单项目设置、项目特征描述、计量单位及工程量计算规则应按表3-79的规定执行。

表 3-79　金属制品（编码：010607）

项目编码	项目名称	项目特征	计量单位	工程量计算规则	工程内容
010607001	成品空调金属百叶护栏	1. 材料品种、规格 2. 边框材质	m²	按设计图示尺寸以框外围展开面积计算	1. 安装 2. 校正 3. 预埋铁件及安装螺栓
010607002	成品栅栏	1. 材料品种、规格 2. 边框及立柱型钢品种、规格			1. 安装 2. 校正 3. 预埋铁件 4. 安螺栓及金属立柱

（续）

项目编码	项目名称	项 目 特 征	计量单位	工程量计算规则	工 程 内 容
010607003	成品雨篷	1. 材料品种、规格 2. 雨篷宽度 3. 晾衣杆品种、规格	1. m 2. m²	1. 以米计量，按设计图示接触边以米计算 2. 以平方米计量，按设计图示尺寸以展开面积计算	1. 安装 2. 校正 3. 预埋铁件及安螺栓
010607004	金属网栏	1. 材料品种、规格 2. 边框及立柱型钢品种、规格	m²	按设计图示尺寸以框外围展开面积计算	1. 安装 2. 校正 3. 安螺栓及金属立柱
010607005	砌块墙钢丝网加固	1. 材料品种、规格 2. 加固方式		按设计图示尺寸以面积计算	1. 铺贴 2. 铆固
010607006	后浇带金属网				

注：抹灰钢丝网加固按"金属制品"中砌块墙钢丝网加固项目编码列项。

8. 金属结构工程其他相关问题及说明

（1）金属构件的切边，不规则及多边形钢板发生的损耗在综合单价中考虑。

（2）防火要求指耐火极限，钢结构耐火极限见表3-80。

表3-80　钢结构耐火极限

构 件 名 称		耐火极限/h	燃 烧 性 能
无保护层的钢柱		0.25	不燃烧体
柱	有保护层的钢柱： 1）用普通粘土砖作保护层，其厚度为120mm	2.85	不燃烧体
	2）用陶粒混凝土作保护层，其厚度为100mm	3.00	不燃烧体
	3）用200号混凝土作保护层，其厚度为： 100mm	2.85	不燃烧体
	50mm	2.00	不燃烧体
	25mm	0.80	不燃烧体
	4）用加气混凝土作保护层，其厚度为： 40mm	1.00	不燃烧体
	50mm	1.40	不燃烧体
	70mm	2.00	不燃烧体
	80mm	2.30	不燃烧体
	5）用金属网抹50号砂浆作保护层，其厚度为： 25mm	0.80	不燃烧体
	50mm	1.30	不燃烧体
	6）用薄涂型钢结构防火涂料作保护层，其厚度为： 5.5mm	1.00	不燃烧体
	7.0mm	1.50	不燃烧体

（续）

构 件 名 称	耐火极限/h	燃 烧 性 能
7）用厚涂型钢结构防火涂料作保护层，其厚度为： 15mm	1.00	不燃烧体
20mm	1.50	不燃烧体
30mm	2.00	不燃烧体
40mm	2.50	不燃烧体
50mm	3.00	不燃烧体
无保护层的钢梁、楼梯	0.25	不燃烧体
1）用厚涂型钢结构防火涂料保护的钢梁，保护层厚度为： 15mm	1.00	不燃烧体
20mm	1.50	不燃烧体
30mm	2.00	不燃烧体
40mm	2.50	不燃烧体
50mm	3.00	不燃烧体
2）用薄涂型钢结构防火涂料保护的钢梁，保护层厚度为： 5.5mm	1.00	不燃烧体
7.0mm	1.50	不燃烧体
3）用防火板包裹保护的钢梁，保护层厚度为： 20mm	1.00	不燃烧体
9mm（板内侧衬50mm岩棉（100kg/m³））	1.50	不燃烧体
20mm（钢梁表面涂刷8mm高温胶）	2.00	不燃烧体

（左侧合并单元格：柱；梁）

3.7.2　金属结构工程清单工程量计算实例

【例 3-41】　如图 3-56 所示为钢制漏斗示意图，已知钢板厚 3mm，钢板密度 15.70kg/m³。求制作钢制漏斗工程量。

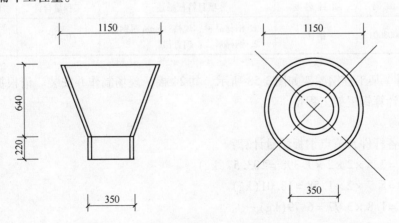

图 3-56　钢制漏斗示意图

【解】

（1）上板口面积

上板口长 = 1.15 × 3.14 = 3.61（m）

上板口面积 = 3.61 × 0.64 = 2.31（m²）

（2）下板口面积

下口板长 = 0.35 × 3.14 = 1.099（m）

下口板面积 = 1.099 × 0.22 = 0.24（m²）

（3）钢制漏斗工程量

重量 = (2.31 + 0.24) × 15.70

　　　 = 40.04（kg）

【例 3-42】　某钢直梯如图 3-57 所示，尺寸均在图中标明，试求该钢直梯的工程量。

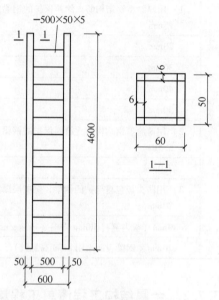

【解】

（1）扶手工程量

6mm 厚钢板的理论质量为 47.1kg/m²。

$$m_1 = 47.1 \times (0.05 \times 2 + 0.06 \times 2) \times 4.6 \times 2$$
$$= 95.33（kg） = 0.095（t）$$

（2）梯板工程量

5mm 厚钢板的理论质量为 39.2kg/m²。

$$m_2 = 39.2 \times 0.5 \times 0.05 \times 12$$
$$= 11.76（kg） = 0.012（t）$$

（3）总的清单工程量

$$m_2 = m_1 + m_2$$
$$= 0.095 + 0.012 = 0.107（t）$$

清单工程量计算见表 3-81。

图 3-57　钢梯示意图

表 3-81　清单工程量计算表（例 3-42）

序号	项目编码	项目名称	项目特征描述	工程量合计	计量单位
1	010606008001	钢梯	1. 钢材品种、规格：5mm 厚钢板 2. 钢梯形式：钢直梯	0.107	t

【例 3-43】　某工程钢屋架如图 3-58 所示，共 24 榀，现场制作并安装。请根据图中给出的已知条件，计算钢屋架工程量。

【解】

单榀屋架各杆件及节点钢板质量计算：

上弦质量 = 3.5 × 2 × 2 × 7.398 = 103.57（kg）

下弦质量 = 5.7 × 2 × 1.58 = 18.01（kg）

立杆质量 = 1.8 × 3.77 = 6.79（kg）

斜撑质量 = 1.5 × 2 × 2 × 3.77 = 22.62（kg）

A 号连接板质量 = 0.7 × 0.5 × 2 × 62.80 = 43.96（kg）

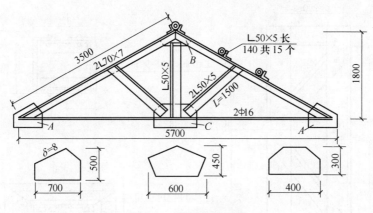

图 3-58　钢屋架示意图

B 号连接板质量 $= 0.6 \times 0.45 \times 2 \times 62.80 = 33.91(\text{kg})$

C 号连接板质量 $= 0.4 \times 0.3 \times 2 \times 62.80 = 15.07(\text{kg})$

檩托质量 $= 0.14 \times 15 \times 3.77 = 7.92(\text{kg})$

钢屋架工程量 $= (103.57 + 18.01 + 6.79 + 22.62 + 43.96 + 33.91 + 15.07 + 7.92) \times 24$

$\qquad = 6044.4(\text{kg}) = 6.044(\text{t})$

【例 3-44】　某槽形钢梁如图 3-59 所示,已知该钢梁长为 5650mm,试计算其清单工程量。

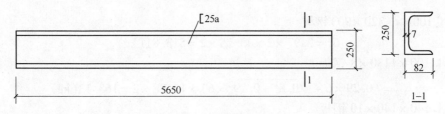

图 3-59　钢梁立面图

【解】

[25a 的理论质量为 27.4kg/m,那么钢梁的质量为:

$$m = 27.4 \times 5.65$$

$$= 154.81(\text{kg}) = 0.155(\text{t})$$

【例 3-45】　某工程空腹钢柱如图 3-60 所示(最底层钢板为━12mm 厚),共 2 根,加工厂制作,运输到现场拼装、安装、超声波探伤、耐火极限为二级。钢材单位理论质量见表 3-82。试列出该工程空腹钢柱的分部分项工程量清单。

表 3-82　钢材单位理论质量表

规　格	单位质量	备　注
[100b × (320 × 90)	43.25kg/m	槽钢
L 100 × 100 × 8	12.28kg/m	角钢
L 140 × 140 × 10	21.49kg/m	角钢
━12	94.20kg/m²	钢板

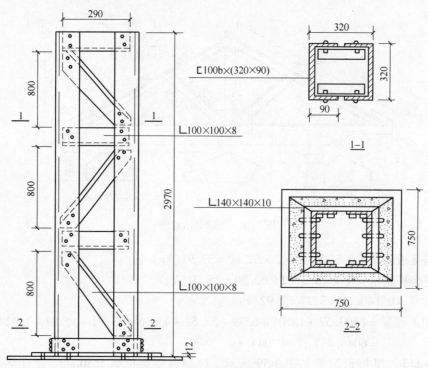

图 3-60　空腹钢柱示意图

【解】

（1）匚100b×（320×90）钢板

$$G_1 = 2.97 \times 2 \times 43.25 \times 2 = 513.81(\text{kg})$$

（2）L100×1130×8 钢板

$$G_2 = (0.29 \times 6 + \sqrt{0.8^2 + 0.29^2} \times 6) \times 12.28 \times 2 = 168.13(\text{kg})$$

（3）L140×140×10 钢板

$$G_3 = (0.32 + 0.14 \times 2) \times 4 \times 21.49 \times 2 = 103.15(\text{kg})$$

（4）━12 钢板

$$G_4 = 0.75 \times 0.75 \times 94.20 \times 2 = 105.98(\text{kg})$$

（5）总空腹钢柱工程量

$$G = G_1 + G_2 + G_3 + G_4$$
$$= 513.81 + 168.13 + 103.15 + 105.98 = 891.07(\text{kg}) = 0.891(\text{t})$$

清单工程量计算见表 3-83。

表 3-83　清单工程量计算表（例 3-45）

序号	项目编码	项目名称	项目特征描述	工程量合计	计量单位
1	010603002001	空腹钢柱	1. 柱类型：简易箱形 2. 钢材品种、规格：槽钢、角钢、钢板，规格详图 3. 单根柱质量：0.45t 4. 螺栓种类：普通螺栓 5. 探伤要求：超声波探伤 6. 防火要求：耐火极限为二级	0.891	t

【例 3-46】　某工程钢支撑如图 3-61 所示，钢屋架刷一遍防锈漆，一遍防火漆，试编制工程量清单综合单价及合价。

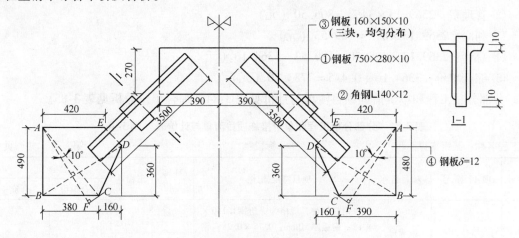

图 3-61　某工程钢支撑图

【解】

（1）工程量计算

1）角钢（L 140×12）　3.5×2×2×25.552=357.73（kg）

2）钢板（δ10）　0.75×0.28×78.5=16.49（kg）

3）钢板（δ10）　0.16×0.15×3×2×78.5=11.3（kg）

4）钢板（δ12）　（0.16+0.39）×0.48×2×94.2=49.74（kg）

5）工程量合计　435.26（kg）=0.435（t）

（2）钢支撑

1）钢屋架支撑制作安装

① 人工费：165.19×0.435=71.86（元）

② 材料费：4716.47×0.435=2051.66（元）

③ 机械费：181.84×0.435=79.10（元）

2）钢支撑刷一遍防锈漆

① 人工费：26.34×0.435=11.46（元）

② 材料费：69.11×0.435=30.06（元）

③ 机械费：2.86×0.435=1.24（元）

3）钢屋架支撑刷两遍防火漆

① 人工费：49.23×0.435=21.42（元）

② 材料费：133.64×0.435=58.13（元）

③ 机械费：5.59×0.435=2.43（元）

4）钢屋架支撑刷防火漆刷一遍

① 人工费：25.48×0.435=11.08（元）

② 材料费：67.71×0.435=29.45（元）

③ 机械费：2.85×0.435=1.24（元）

（3）综合

① 直接费合计：2369.13 元

② 管理费：2369.13 × 34% = 805.50（元）

③ 利润：2369.13 × 8% = 189.53（元）

④ 总计：2369.13 + 805.50 + 189.53 = 3364.16（元）

⑤ 综合单价：3364.16 ÷ 0.435 = 7733.70（元）

分部分项工程和单价措施项目清单与计价见表 3-84，综合单价分析见表 3-85。

表 3-84　分部分项工程和单价措施项目清单与计价表（例 3-46）

工程名称：某钢支撑工程　　　　　　　　　标段：　　　　　　　　　第　页　共　页

序号	项 目 编 号	项目名称	项目特征描述	计量单位	工程量	金额/元	
						综合单价	合价
1	010606001001	钢支撑、钢拉条	钢材品种，规格为：角钢 L 140 × 12；钢板厚 10mm：0.75 × 0.28；钢板厚 10mm：0.16 × 0.15；钢板厚 12mm：(0.16 + 0.39) × 0.48；钢支撑刷一遍防锈漆、防火漆	t	0.435	7733.70	3364.16
							3364.16

表 3-85　综合单价分析表（例 3-46）

工程名称：某钢支撑工程　　　　　　　　　标段：　　　　　　　　　第　页　共　页

项目编码	010606001001	项目名称	钢支撑、钢拉条	计量单位	t	工程量	0.435

清单综合单价组成明细

定额编号	定额项目名称	定额单位	数量	单价				合价			
				人工费	材料费	机械费	管理费和利润	人工费	材料费	机械费	管理费和利润
—	钢屋架支撑制作安装	t	1	165.19	4716.47	181.84	2126.67	165.19	4716.47	181.84	2126.67
—	钢支撑刷一遍防锈漆	t	1	26.34	69.11	2.86	41.29	26.34	69.11	2.86	41.29
—	钢屋架支撑刷两遍防火漆	t	1	49.23	133.64	5.59	79.15	49.23	133.64	5.59	79.15
—	钢屋架支撑刷防火漆，减一遍	t	1	25.48	67.71	2.85	40.34	25.48	67.71	2.85	40.34
人工单价		小计						266.24	4986.93	193.14	2287.45
22.47 元/工日		未计价材料费									
清单项目综合单价								7733.70			

3.8　木结构工程工程量清单计价与实例

3.8.1　木结构工程清单工程量计算规则

1. 木屋架

木屋架工程量清单项目设置、项目特征描述、计量单位及工程量计算规则应按表3-86的规定执行。

表 3-86　木屋架（编码：010701）

项目编码	项目名称	项目特征	计量单位	工程量计算规则	工程内容
010701001	木屋架	1. 跨度 2. 材料品种、规格 3. 刨光要求 4. 拉杆及夹板种类 5. 防护材料种类	1. 榀 2. m³	1. 以榀计量，按设计图示数量计算 2. 以立方米计量，按设计图示的规格尺寸以体积计算	1. 制作 2. 运输 3. 安装 4. 刷防护材料
010701002	钢木屋架	1. 跨度 2. 木材品种、规格 3. 刨光要求 4. 钢材品种、规格 5. 防护材料种类	榀	以榀计量，按设计图示数量计算	

注：1. 屋架的跨度应以上、下弦中心线两交点之间的距离计算。
　　2. 带气楼的木屋架和马尾、折角以及正交部分的半屋架，按相关屋架相同编码列项。
　　3. 以榀计量，按标准图设计的应注明标准图代号，按非标准图设计的项目特征必须按本表要求予以描述。

2. 木构件

木构件工程量清单项目设置、项目特征描述、计量单位及工程量计算规则应按表3-87的规定执行。

表 3-87　木构件（编码：010702）

项目编码	项目名称	项目特征	计量单位	工程量计算规则	工程内容
010702001	木柱	1. 构件规格尺寸 2. 木材种类 3. 刨光要求 4. 防护材料种类	m³	按设计图示尺寸以体积计算	1. 制作 2. 运输 3. 安装 4. 刷防护材料
010702002	木梁		m³	按设计图示尺寸以体积计算	
010702003	木檩		1. m³ 2. m	1. 以立方米计量，按设计图示尺寸以体积计算 2. 以米计量，按设计图示尺寸以长度计算	
010702004	木楼梯	1. 楼梯形式 2. 木材种类 3. 刨光要求 4. 防护材料种类	m²	按设计图示尺寸以水平投影面积计算。不扣除宽度≤300mm 的楼梯井，伸入墙内部分不计算	
010702005	其他木构件	1. 构件名称 2. 构件规格尺寸 3. 木材种类 4. 刨光要求 5. 防护材料种类	1. m³ 2. m	1. 以立方米计量，按设计图示尺寸以体积计算 2. 以米计量，按设计图示尺寸以长度计算	

注：1. 木楼梯的栏杆（栏板）、扶手，应按"其他装饰工程"相关项目编码列项。
　　2. 以米计算，项目特征必须描述构件规格尺寸。

3. 屋面木基层

屋面木基层工程量清单项目设置、项目特征描述、计量单位及工程量计算规则应按表3-88的规定执行。

表3-88　屋面木基层（编码：010703）

项目编码	项目名称	项目特征	计量单位	工程量计算规则	工程内容
010703001	屋面木基层	1. 椽子断面尺寸及椽距 2. 望板材料种类、厚度 3. 防护材料种类	m²	按设计图示尺寸以斜面积计算 不扣除房上烟囱、风帽底座、风道、小气窗、斜沟等所占面积。小气窗的出檐部分不增加面积	1. 椽子制作、安装 2. 望板制作、安装 3. 顺水条和挂瓦条制作、安装 4. 刷防护材料

3.8.2　木结构工程清单工程量计算实例

【例3-47】　某木楼梯如图3-62所示，已知墙厚均为240mm，试根据图中已知条件，计算木楼梯（一层）的工程量。

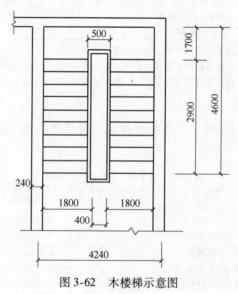

图3-62　木楼梯示意图

【解】

木楼梯制作安装工程量 $= 4.6 \times 4$

$$= 18.4 (\text{m}^2)$$

【例3-48】　某木基层如图3-63所示，请根据图示中标出的尺寸，计算其工程量（$C = 1.25$）。

【解】

$$S = S_{\text{平}} \times 延迟系数\ C$$

$$= (37.5 + 0.4 \times 2) \times (13 + 0.4 \times 2) \times 1.25$$

$$= 660.68 (\text{m}^2)$$

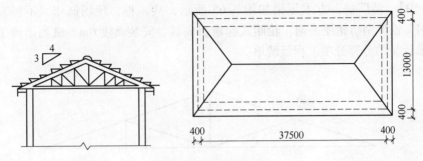

图 3-63　木基层示意图

【例 3-49】　某钢木屋架尺寸如图 3-64 所示，上弦、斜撑采用木材，下弦、中柱采用钢材，跨度 8m，共 13 榀，屋架刷调和漆两遍，计算钢木屋架工程量。

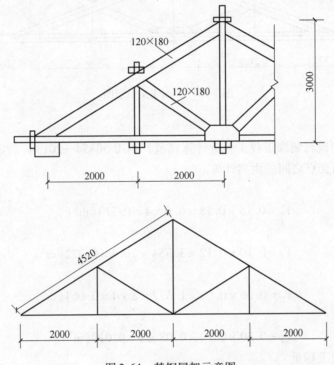

图 3-64　某钢屋架示意图

【解】

钢木屋架工程量：13 榀

清单工程量计算表见表 3-89。

表 3-89　清单工程量计算表（例 3-49）

序号	项目编码	项目名称	项目特征描述	工程量合计	计量单位
1	010701002001	钢木屋架	1. 跨度：8m 2. 木材规格：上弦木材截面 120mm × 180mm，斜撑木材截面 120mm×180mm	13	榀

【例3-50】　某厂房，方木屋架如图3-65所示，共4榀，现场制作，不刨光，拉杆为ϕ10的圆钢，铁件刷防锈漆一遍，轮胎式起重机安装，安装高度6m。试列出该工程方木屋架以立方米计量的分部分项工程量清单。

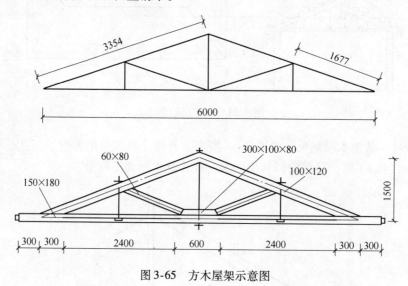

图3-65　方木屋架示意图

【解】

依据《房屋建筑与装饰工程工程量计算规范》（GB 50854—2013）规定，屋架的跨度以上、下弦中心线两交点之间的距离计算。

（1）下弦杆

$$V_1 = 0.15 \times 0.18 \times 6.6 \times 4 = 0.713 (\text{m}^3)$$

（2）上弦杆

$$V_2 = 0.10 \times 0.12 \times 3.354 \times 2 \times 4 = 0.322 (\text{m}^3)$$

（3）斜撑

$$V_3 = 0.06 \times 0.08 \times 1.677 \times 2 \times 4 = 0.064 (\text{m}^3)$$

（4）元宝垫木

$$V_4 = 0.30 \times 0.10 \times 0.08 \times 4 = 0.010 (\text{m}^3)$$

（5）方木屋架工程量

$$V = V_1 + V_2 + V_3 + V_4$$
$$= 0.713 + 0.322 + 0.064 + 0.010 = 1.11 (\text{m}^3)$$

清单工程量计算见表3-90。

表3-90　清单工程量计算表（例3-50）

序号	项目编码	项目名称	项目特征描述	工程量合计	计量单位
1	010701001001	木屋架	1. 跨度：6.00m 2. 材料品种、规格：方木、规格详图 3. 刨光要求：不刨光 4. 拉杆种类：ϕ10圆钢 5. 防护材料种类：铁件刷防锈漆一遍	1.11	m³

3.9　屋面及防水工程工程量清单计价与实例

3.9.1　屋面及防水工程清单工程量计算规则

1. 瓦、型材及其他屋面

瓦、型材及其他屋面工程量清单项目设置、项目特征描述、计量单位及工程量计算规则应按表 3-91 的规定执行。

表 3-91　瓦、型材及其他屋面（编码：010901）

项目编码	项目名称	项目特征	计量单位	工程量计算规则	工程内容
010901001	瓦屋面	1. 瓦品种、规格 2. 粘结层砂浆的配合比		按设计图示尺寸以斜面积计算 不扣除房上烟囱、风帽底座、风道、小气窗、斜沟等所占面积。小气窗的出檐部分不增加面积	1. 砂浆制作、运输、摊铺、养护 2. 安瓦、作瓦脊
010901002	型材屋面	1. 型材品种、规格 2. 金属檩条材料品种、规格 3. 接缝、嵌缝材料种类			1. 檩条制作、运输、安装 2. 屋面型材安装 3. 接缝、嵌缝
010901003	阳光板屋面	1. 阳光板品种、规格 2. 骨架材料品种、规格 3. 接缝、嵌缝材料种类 4. 油漆品种、刷漆遍数	m²	按设计图示尺寸以斜面积计算 不扣除屋面面积 ≤ 0.3m² 孔洞所占面积	1. 骨架制作、运输、安装、刷防护材料、油漆 2. 阳光板安装 3. 接缝、嵌缝
010901004	玻璃钢屋面	1. 玻璃钢品种、规格 2. 骨架材料品种、规格 3. 玻璃钢固定方式 4. 接缝、嵌缝材料种类 5. 油漆品种、刷漆遍数			1. 骨架制作、运输、安装、刷防护材料、油漆 2. 玻璃钢制作、安装 3. 接缝、嵌缝
010901005	膜结构屋面	1. 膜布品种、规格 2. 支柱（网架）钢材品种、规格 3. 钢丝绳品种、规格 4. 锚固基座做法 5. 油漆品种、刷漆遍数		按设计图示尺寸以需要覆盖的水平投影面积计算	1. 膜布热压胶接 2. 支柱（网架）制作、安装 3. 膜布安装 4. 穿钢丝绳、锚头锚固 5. 锚固基座挖土、回填 6. 刷防护材料，油漆

注：1. 瓦屋面若是在木基层上铺瓦，项目特征不必描述粘结层砂浆的配合比，瓦屋面铺防水层，按"屋面防水及其他"中相关项目编码列项。

2. 型材屋面、阳光板屋面、玻璃钢屋面的柱、梁、屋架，按"金属结构工程"、"木结构工程"中相关项目编码列项。

2. 屋面防水及其他

屋面防水剂其他工程量清单项目设置、项目特征描述、计量单位及工程量计算规则应按表 3-92 的规定执行。

表 3-92　屋面防水及其他（编码：010902）

项目编码	项目名称	项目特征	计量单位	工程量计算规则	工程内容
010902001	屋面卷材防水	1. 卷材品种、规格、厚度 2. 防水层数 3. 防水层做法	m²	按设计图示尺寸以面积计算 1. 斜屋顶（不包括平屋顶找坡）按斜面积计算，平屋顶按水平投影面积计算 2. 不扣除房上烟囱、风帽底座、风道、屋面小气窗和斜沟所占面积 3. 屋面的女儿墙、伸缩缝和天窗等处的弯起部分，并入屋面工程量内	1. 基层处理 2. 刷底油 3. 铺油毡卷材、接缝
010902002	屋面涂膜防水	1. 防水膜品种 2. 涂膜厚度、遍数 3. 增强材料种类			1. 基层处理 2. 刷基层处理剂 3. 铺布、喷涂防水层
010902003	屋面刚性层	1. 刚性层厚度 2. 混凝土强度等级 3. 嵌缝材料种类 4. 钢筋规格、型号		按设计图示尺寸以面积计算，不扣除房上烟囱、风帽底座、风道等所占面积	1. 基层处理 2. 混凝土制作、运输、铺筑、养护 3. 钢筋制作、安装
010902004	屋面排水管	1. 排水管品种、规格 2. 雨水斗、山墙出水口品种、规格 3. 接缝、嵌缝材料种类 4. 油漆品种、刷漆遍数	m	按设计图示尺寸以长度计算，如设计未标注尺寸，以檐口至设计室外散水上表面垂直距离计算	1. 排水管及配件安装、固定 2. 雨水斗、山墙出水口、雨水算子安装 3. 接缝、嵌缝 4. 刷漆
010902005	屋面排（透）气管	1. 排（透）气管品种、规格 2. 接缝、嵌缝材料种类 3. 油漆品种、刷漆遍数		按设计图示尺寸以长度计算	1. 排（透）气管及配件安装、固定 2. 铁件制作、安装 3. 接缝、嵌缝 4. 刷漆
010902006	屋面（廊、阳台）泄（吐）水管	1. 泄水管品种、规格 2. 接缝、嵌缝材料种类 3. 泄水管长度 4. 油漆品种、刷漆遍数	根（个）	按设计图示数量计算	1. 水管及配件安装、固定 2. 接缝、嵌缝 3. 刷漆
010902007	屋面天沟、檐沟	1. 材料品种、规格 2. 接缝、嵌缝材料种类	m²	按设计图示尺寸以展开面积计算	1. 天沟材料铺设 2. 天沟配件安装 3. 接缝、嵌缝 4. 刷防护材料
010902008	屋面变形缝	1. 嵌缝材料种类 2. 止水带材料种类 3. 盖缝材料 4. 防护材料种类	m	按设计图示以长度计算	1. 清缝 2. 填塞防水材料 3. 止水带安装 4. 盖缝制作、安装 5. 刷防护材料

注：1. 屋面刚性层无钢筋，其钢筋项目特征不必描述。

2. 屋面找平层按"楼地面装饰工程"中"平面砂浆找平层"的项目编码列项。

3. 屋面防水搭接及附加层用量不另行计算，在综合单价中考虑。

4. 屋面保温找坡层按"保温、隔热、防腐工程"中"保温隔热屋面"的项目编码列项。

3. 墙面防水、防潮

墙面防水、防潮工程量清单项目设置、项目特征描述、计量单位及工程量计算规则应按表 3-93 的规定执行。

表 3-93　墙面防水、防潮（编码：010903）

项目编码	项目名称	项目特征	计量单位	工程量计算规则	工程内容
010903001	墙面卷材防水	1. 卷材品种、规格、厚度 2. 防水层数 3. 防水层做法	m²	按设计图示尺寸以面积计算	1. 基层处理 2. 刷粘结剂 3. 铺防水卷材 4. 接缝、嵌缝
010903002	墙面涂膜防水	1. 防水膜品种 2. 涂膜厚度、遍数 3. 增强材料种类			1. 基层处理 2. 刷基层处理剂 3. 铺布、喷涂防水层
010903003	墙面砂浆防水（防潮）	1. 防水层做法 2. 砂浆厚度、配合比 3. 钢丝网规格			1. 基层处理 2. 挂钢丝网片 3. 设置分格缝 4. 砂浆制作、运输、摊铺、养护
010903004	墙面变形缝	1. 嵌缝材料种类 2. 止水带材料种类 3. 盖缝材料 4. 防护材料种类	m	按设计图示以长度计算	1. 清缝 2. 填塞防水材料 3. 止水带安装 4. 盖缝制作、安装 5. 刷防护材料

注：1. 墙面防水搭接及附加层用量不另行计算，在综合单价中考虑。
　　2. 墙面变形缝，若做双面，工程量乘系数 2。
　　3. 墙面找平层按"墙、柱面装饰与隔断、幕墙工程"中"立面砂浆找平层"的项目编码列项。

4. 楼（地）面防水、防潮

楼（地）面防水、防潮工程量清单项目设置、项目特征描述、计量单位及工程量计算规则应按表 3-94 的规定执行。

表 3-94　楼（地）面防水、防潮（编码：010904）

项目编码	项目名称	项目特征	计量单位	工程量计算规则	工程内容
010904001	楼(地)面卷材防水	1. 卷材品种、规格、厚度 2. 防水层数 3. 防水层做法 4. 反边高度	m²	按设计图示尺寸以面积计算 1. 楼（地）面防水：按主墙间净空面积计算，扣除凸出地面的构筑物、设备基础等所占面积，不扣除间壁墙及单个面积≤0.3 m² 柱、垛、烟囱和孔洞所占面积 2. 楼（地）面防水反边高度≤300mm 算作地面防水，反边高度 >300mm 算作墙面防水	1. 基层处理 2. 刷粘结剂 3. 铺防水卷材 4. 接缝、嵌缝
010904002	楼(地)面涂膜防水	1. 防水膜品种 2. 涂膜厚度、遍数 3. 增强材料种类 4. 反边高度			1. 基层处理 2. 刷基层处理剂 3. 铺布、喷涂防水层
010904003	楼(地)面砂浆防水（防潮）	1. 防水层做法 2. 砂浆厚度、配合比 3. 反边高度			1. 基层处理 2. 砂浆制作、运输、摊铺、养护
010904004	楼(地)面变形缝	1. 嵌缝材料种类 2. 止水带材料种类 3. 盖缝材料 4. 防护材料种类	m	按设计图示以长度计算	1. 清缝 2. 填塞防水材料 3. 止水带安装 4. 盖缝制作、安装 5. 刷防护材料

注：1. 楼（地）面防水找平层按"楼地面装饰工程"中"平面砂浆找平层"的项目编码列项。
　　2. 楼（地）面防水搭接及附加层用量不另行计算，在综合单价中考虑。

3.9.2　屋面及防水工程清单工程量计算实例

【例3-51】　某卷材屋面在女儿墙与楼梯间出屋面墙交接处，如图 3-66 所示。已知卷材弯起的高度为 260mm，试计算屋面卷材的工程量。

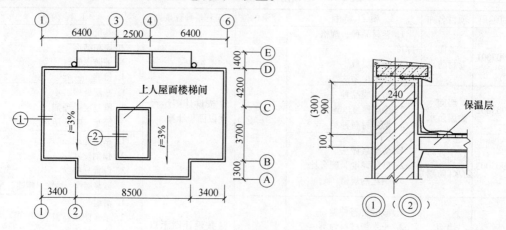

图 3-66　卷材屋面示意图

【解】

该屋面为平面屋（坡度小于 15°）。

（1）水平投影面积

$$F_1 = (3.4 \times 2 + 8.5 - 0.24) \times (4.2 + 3.7 - 0.24) + (8.5 - 0.24) \times 1.3 + (2.5 - 0.24) \times 1.4$$
$$= 15.06 \times 7.66 + 10.738 + 3.164$$
$$= 129.26(\mathrm{m}^2)$$

（2）弯起部分面积

$$F_2 = [(3.4 \times 2 + 8.5 - 0.24) \times 2 + (1.3 + 3.7 + 4.2 + 1.4 - 0.24) \times 2 + (3.7 + 0.24 + 2.5 + 0.24) \times 2 + (3.7 - 0.24 + 2.5 - 0.24) \times 2] \times 0.26$$
$$= (30.12 + 20.72 + 13.36 + 11.44) \times 0.26$$
$$= 19.67(\mathrm{m}^2)$$

（3）屋面卷材工程量

$$F = F_1 + F_2 = 129.26 + 19.67$$
$$= 148.93(\mathrm{m}^2)$$

【例3-52】　某沥青玻璃布卷材楼面防水示意图如图 3-67 所示。已知墙厚均为 240mm，试根据图中给出的条件，计算其清单工程量。

【解】

清单工程量：

$$S = (16 - 0.24) \times (4 - 0.24) + 15 \times (7 - 0.24) + [(16 - 0.24) \times 2 + (19 - 0.24) \times 2] \times 0.4$$
$$= 188.27(\mathrm{m}^2)$$

【例3-53】　一屋面采用屋面刚性防水，如图 3-68 所示，已知墙厚均为 240mm，试计算其清单工程量。

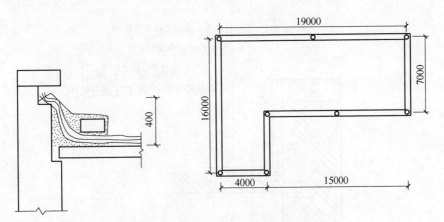

图 3-67　沥青玻璃布卷材楼面防水示意图

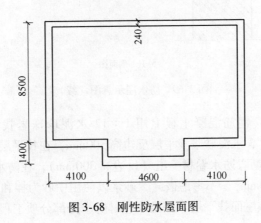

图 3-68　刚性防水屋面图

【解】

刚性防水屋面工程量：

$$S = (4.1 + 4.6 + 4.1) \times 8.5 + 1.4 \times 4.6$$
$$= 115.24 (\text{m}^2)$$

【例 3-54】　某工程 SBS 改性沥青卷材防水屋面平面图、剖面图如图 3-69 所示，其自结

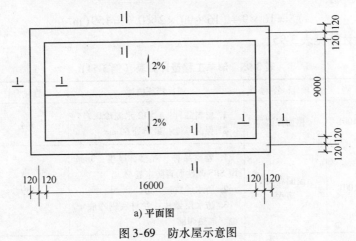

a) 平面图

图 3-69　防水屋示意图

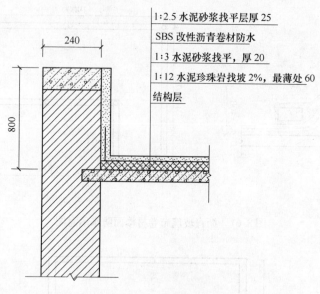

1:2.5 水泥砂浆找平层厚 25

SBS 改性沥青卷材防水

1:3 水泥砂浆找平, 厚 20

1:12 水泥珍珠岩找坡 2%, 最薄处 60

结构层

b) 1-1 剖面图

图 3-69　防水屋示意图（续）

构层由下向上的做法为：钢筋混凝土板上用 1：12 水泥珍珠岩找坡，坡度 2%，最薄处 60mm；保温隔热层上 1：3 水泥砂浆找平层反边高 300mm，在找平层上刷冷底子油，加热烤铺，贴 3mm 厚 SBS 改性沥青防水卷材一道（反边高 300mm），在防水卷材上抹 1：2.5 水泥砂浆找平层（反边高 300mm）。不考虑嵌缝，砂浆以使用中砂为拌和料，女儿墙不计算，未列项目不补充。试列出该屋面找平层、保温及卷材防水分部分项工程量。

【解】

（1）屋面保温

$$S = 16 \times 9 = 144 (\text{m}^2)$$

（2）屋面卷材防水

$$S = 16 \times 9 + (16 + 9) \times 2 \times 0.3 = 159 (\text{m}^2)$$

（3）屋面找平层

$$S = 16 \times 9 + (16 + 9) \times 2 \times 0.3 = 159 (\text{m}^2)$$

清单工程量计算见表 3-95。

表 3-95　清单工程量计算表（例 3-54）

序号	项目编码	项目名称	项目特征描述	工程量合计	计量单位
1	011001001001	屋面保温	1. 材料品种：1：12 水泥珍珠岩 2. 保温厚度：最薄处 60mm	144	m²
2	010902001001	屋面卷材防水	1. 卷材品种、规格、厚度：3mm 厚 SBS 改性沥青防水卷材 2. 防水层数：一道 3. 防水层做法：卷材底刷冷底子油、加热烤铺	159	m²

（续）

序号	项目编码	项目名称	项目特征描述	工程量合计	计量单位
3	011101006001	屋面找平层	找平层厚度、砂浆配合比：20mm厚1：3 水泥砂浆找平层（防水底层）、25mm 厚1：2.5 水泥砂浆找平层（防水面层）	159	m²

3.10　保温、隔热、防腐工程工程量清单计价与实例

3.10.1　保温、隔热、防腐工程清单工程量计算规则

1. 保温、隔热

保温、隔热工程量清单项目设置、项目特征描述、计量单位及工程量计算规则应按表3-96 的规定执行。

表3-96　保温、隔热（编码：011001）

项目编码	项目名称	项目特征	计量单位	工程量计算规则	工程内容
011001001	保温隔热屋面	1. 保温隔热材料品种、规格、厚度 2. 隔气层材料品种、厚度 3. 粘结材料种类、做法 4. 防护材料种类、做法		按设计图示尺寸以面积计算，扣除面积 >0.3m²孔洞及占位面积	1. 基层清理 2. 刷粘结材料 3. 铺粘保温层 4. 铺、刷（喷）防护材料
011001002	保温隔热天棚	1. 保温隔热面层材料品种、规格、性能 2. 保温隔热材料品种、规格及厚度 3. 粘结材料种类及做法 4. 防护材料种类及做法		按设计图示尺寸以面积计算，扣除面积 >0.3m²上柱、垛、孔洞所占面积	
011001003	保温隔热墙面	1. 保温隔热部位 2. 保温隔热方式 3. 踢脚线、勒脚线保温做法	m²	按设计图示尺寸以面积计算，扣除门窗洞口以及面积>0.3m²梁、孔洞所占面积；门窗洞口侧壁需作保温时，并入保温墙体工程量内	1. 基层清理 2. 刷界面剂 3. 安装龙骨 4. 填贴保温材料 5. 保温板安装 6. 粘贴面层 7. 铺设增强格网、抹抗裂、防水砂浆面层 8. 嵌缝 9. 铺、刷（喷）防护材料
011001004	保温柱、梁	4. 龙骨材料品种、规格 5. 保温隔热面层材料品种、规格、性能 6. 保温隔热材料品种、规格及厚度 7. 增强网及抗裂防水砂浆种类 8. 粘结材料种类及做法 9. 防护材料种类及做法		按设计图示尺寸以面积计算 1. 柱按设计图示柱断面保温层中心线展开长度乘保温层高度以面积计算，扣除面积>0.3m²梁所占面积 2. 梁按设计图示梁断面保温层中心线展开长度乘保温层长度以面积计算	

（续）

项目编码	项目名称	项目特征	计量单位	工程量计算规则	工程内容
011001005	保温隔热楼地面	1. 保温隔热部位 2. 保温隔热材料品种、规格、厚度 3. 隔气层材料品种、厚度 4. 粘结材料种类、做法 5. 防护材料种类、做法	m²	按设计图示尺寸以面积计算，扣除面积 >0.3m²柱、垛、孔洞所占面积，门洞、空圈、暖气包槽、壁龛的开口部分不增加面积	1. 基层清理 2. 刷粘结材料 3. 铺粘保温层 4. 铺、刷（喷）防护材料
011001006	其他保温隔热	1. 保温隔热部位 2. 保温隔热方式 3. 隔气层材料品种、厚度 4. 保温隔热面层材料品种、规格、性能 5. 保温隔热材料品种、规格及厚度 6. 粘结材料种类及做法 7. 增强网及抗裂防水砂浆种类 8. 防护材料种类及做法		按设计图示尺寸以展开面积计算，扣除面积 >0.3m²孔洞及占位面积	1. 基层清理 2. 刷界面剂 3. 安装龙骨 4. 填贴保温材料 5. 保温板安装 6. 粘贴面层 7. 铺设增强格网、抹抗裂防水砂浆面层 8. 嵌缝 9. 铺、刷（喷）防护材料

注：1. 保温隔热装饰面层，按"楼地面装饰工程"、"墙、柱面装饰与隔断、幕墙工程"、"天棚工程"、"油漆、涂料、裱糊工程"以及"其他装饰工程"中相关项目编码列项；仅做找平层按"楼地面装饰工程"中"平面砂浆找平层"或"墙、柱面装饰与隔断、幕墙工程"中"立面砂浆找平层"项目编码列项。
2. 柱帽保温隔热应并入天棚保温隔热工程量内。
3. 池槽保温隔热应按其他保温隔热项目编码列项。
4. 保温隔热方式：指内保温、外保温、夹心保温。
5. 保温柱、梁适用于不与墙、天棚相连的独立柱、梁。

2. 防腐面层

防腐面层工程量清单项目设置、项目特征描述、计量单位及工程量计算规则应按表3-97的规定执行。

表3-97　防腐面层（编码：011002）

项目编码	项目名称	项目特征	计量单位	工程量计算规则	工程内容
011002001	防腐混凝土面层	1. 防腐部位 2. 面层厚度 3. 混凝土种类 4. 胶泥种类、配合比	m²	按设计图示尺寸以面积计算 1. 平面防腐：扣除凸出地面的构筑物、设备基础等以及面积 >0.3m²孔洞、柱、垛所占面积 2. 立面防腐：扣除门、窗、洞口以及面积 >0.3m²孔洞、梁所占面积，门、窗、洞口侧壁、垛凸出部分按展开面积并入墙面积内	1. 基层清理 2. 基层刷稀胶泥 3. 混凝土制作、运输、摊铺、养护
011002002	防腐砂浆面层	1. 防腐部位 2. 面层厚度 3. 砂浆、胶泥种类、配合比			1. 基层清理 2. 基层刷稀胶泥 3. 砂浆制作、运输、摊铺、养护
011002003	防腐胶泥面层	1. 防腐部位 2. 面层厚度 3. 胶泥种类、配合比			1. 基层清理 2. 胶泥调制、摊铺

（续）

项目编码	项目名称	项 目 特 征	计量单位	工程量计算规则	工 程 内 容
011002004	玻璃钢防腐面层	1. 防腐部位 2. 玻璃钢种类 3. 贴布材料的种类、层数 4. 面层材料品种	m²	按设计图示尺寸以面积计算 1. 平面防腐：扣除凸出地面的构筑物、设备基础等以及面积 >0.3m²孔洞、柱、垛所占面积 2. 立面防腐：扣除门、窗、洞口以及面积 >0.3m²孔洞、梁所占面积，门、窗、洞口侧壁、垛凸出部分按展开面积并入墙面积内	1. 基层清理 2. 刷底漆、刮腻子 3. 胶浆配制、涂刷 4. 粘布、涂刷面层
011002005	聚氯乙烯板面层	1. 防腐部位 2. 面层材料品种、厚度 3. 粘结材料种类			1. 基层清理 2. 配料、涂胶 3. 聚氯乙烯板铺设
011002006	块料防腐面层	1. 防腐部位 2. 块料品种、规格 3. 粘结材料种类 4. 勾缝材料种类			1. 基层清理 2. 铺贴块料 3. 胶泥调制、勾缝
011002007	池、槽块料防腐面层	1. 防腐池、槽名称、代号 2. 块料品种、规格 3. 粘结材料种类 4. 勾缝材料种类		按设计图示尺寸以展开面积计算	

注：防腐踢脚线，应按"楼地面装饰工程"中"踢脚线"的项目编码列项。

3. 其他防腐

其他防腐工程量清单项目设置、项目特征描述、计量单位及工程量计算规则应按表3-98的规定执行。

表 3-98　其他防腐（编码：011003）

项目编码	项 目 名 称	项 目 特 征	计量单位	工程量计算规则	工 程 内 容
011003001	隔离层	1. 隔离层部位 2. 隔离层材料品种 3. 隔离层做法 4. 粘贴材料种类	m²	按设计图示尺寸以面积计算 1. 平面防腐：扣除凸出地面的构筑物、设备基础等及面积 >0.3m²孔洞、柱、垛所占面积 2. 立面防腐：扣除门、窗、洞口及面积 >0.3m²孔洞、梁所占面积，门、窗、洞口侧壁、垛凸出部分按展开面积并入墙面积内	1. 基层清理、刷油 2. 煮沥青 3. 胶泥调制 4. 隔离层铺设
011003002	砌筑沥青浸渍砖	1. 砌筑部位 2. 浸渍砖规格 3. 胶泥种类 4. 浸渍砖砌法	m³	按设计图示尺寸以体积计算	1. 基层清理 2. 胶泥调制 3. 浸渍砖铺砌
011003003	防腐涂料	1. 涂刷部位 2. 基层材料类型 3. 刮腻子的种类、遍数 4. 涂料品种、刷涂遍数	m²	按设计图示尺寸以面积计算 1. 平面防腐：扣除凸出地面的构筑物、设备基础等及面积 >0.3m²孔洞、柱、垛所占面积 2. 立面防腐：扣除门、窗、洞口以及面积 >0.3m²孔洞、梁所占面积，门、窗、洞口侧壁、垛凸出部分按展开面积并入墙面积内	1. 基层清理 2. 刮腻子 3. 刷涂料

注：浸渍砖砌法指平砌、立砌。

3.10.2　保温、隔热、防腐工程清单工程量计算实例

【例 3-55】　某地面面层如图 3-70 所示，地面面层做法为环氧呋喃胶泥砌耐酸瓷板 30mm 厚，墙裙为环氧呋喃胶泥砌耐酸瓷板 20mm 厚，950mm 高，计算其工程量。

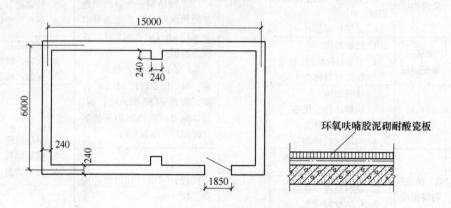

图 3-70　某地面面层示意图

【解】
(1) 地面砌耐酸瓷板的工程量

$$S_1 = (15 - 0.24) \times (6 - 0.24) + 1.85 \times 0.12 - 0.24 \times 0.24 \times 2$$
$$= 14.76 \times 5.76 + 0.222 - 0.115$$
$$= 85.13 (\text{m}^2)$$

(2) 墙裙砌耐酸瓷板的工程量

$$S_2 = [(15 - 0.24) \times 2 + (6 - 0.24) \times 2 + 0.24 \times 3 \times 2 - 1.85] \times 0.95$$
$$= (29.52 + 11.52 + 1.44 - 1.85) \times 0.95$$
$$= 38.60 (\text{m}^2)$$

【例 3-56】　重晶石砂浆面层如图 3-71 所示，已知外墙厚均为 240mm，重晶石砂浆面层的厚度为 85mm，试根据图中给出的已知条件，计算重晶石砂浆面层工程量。

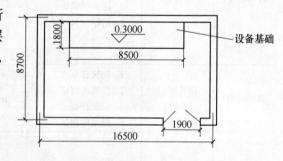

图 3-71　重晶石砂浆面层示意图

【解】
重晶石砂浆面层工程量：

$$S = [(16.5 - 0.24) \times (8.7 - 0.24) - 1.8 \times 8.5 + 0.12 \times 1.9] \times 0.085$$
$$= (16.26 \times 8.46 - 15.3 + 0.228) \times 0.085$$
$$= 10.41 (\text{m}^3)$$

【例 3-57】　某库房地面做 1:0.533:0.533:3.121 不防火沥青砂浆防腐面层，踢脚线抹 1:0.3:1.5:4 水泥砂浆，厚度均为 20mm，踢脚线高度 200mm，如图 3-72 所示。墙厚均为 240mm，门洞地面做防腐面层，侧边不做踢脚线。试列出该库房工程防腐面层及踢脚线的分部分项工程量清单。

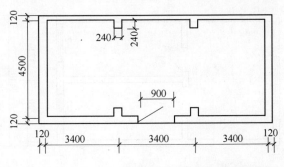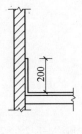

图 3-72　某库房平面示意图

【解】

（1）防腐砂浆面层

$$S = (10.2 - 0.24) \times (4.5 - 0.24) = 42.43(\text{m}^2)$$

（2）砂浆踢脚线

$$L = (10.2 - 0.24 + 0.24 \times 4 + 4.5 - 0.24) \times 2 - 0.90 = 29.46(\text{m}^2)$$

清单工程量计算表见表 3-99。

表 3-99　清单工程量计算表（例 3-57）

序号	项目编码	项目名称	项目特征描述	工程量合计	计量单位
1	011002002001	防腐砂浆面层	1. 防腐部位：地面 2. 厚度：20mm 3. 砂浆种类、配合比：不发火沥青砂浆 1 : 0.533 : 0.533 : 3.121	42.43	m²
2	011105001001	水泥砂浆踢脚线	1. 踢脚线高度：200mm 2. 厚度、砂浆配合比；20mm，水泥砂浆 1 : 0.3 : 1.5 : 4	29.46	m

【例 3-58】　某工程建筑示意图如图 3-73 所示，该工程外墙保温做法：①基层表面清理；②刷界面砂浆 5mm；③刷 30mm 厚胶粉聚苯颗粒；④门窗边做保温宽度为 120mm。试列出该工程外墙外保温的分部分项工程量清单。

【解】

（1）墙面

$$S_1 = [(10.74 + 0.24) + (7.44 + 0.24)] \times 2 \times 3.90 - (1.2 \times 2.4 + 2.1 \times 1.8 + 1.2 \times 1.8 \times 2)$$
$$= 134.57(\text{m}^2)$$

（2）门窗侧边

$$S_2 = [(2.1 + 1.8) \times 2 + (1.2 + 1.8) \times 4 + (2.4 \times 2 + 1.2)] \times 0.12 = 3.10(\text{m}^2)$$

（3）保温墙面总工程量

$$S = S_1 + S_2$$
$$= 134.57 + 3.10 = 137.67(\text{m}^2)$$

清单工程量计算见表 3-100。

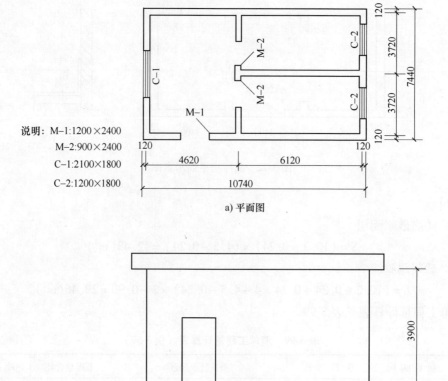

图 3-73　某工程建筑示意图

说明：M-1:1200×2400
M-2:900×2400
C-1:2100×1800
C-2:1200×1800

表 3-100　清单工程量计算表（例 3-58）

序号	项 目 编 码	项 目 名 称	项目特征描述	工程量合计	计 量 单 位
1	011001003001	保温隔热墙面	1. 保温隔热部位：墙面 2. 保温隔热方式：外保温 3. 保温隔热材料品种、厚度：30mm 厚胶粉聚苯颗粒 4. 基层材料：5mm 厚界面砂浆	137.67	m²

3.11　措施项目编制与实例

3.11.1　措施项目清单工程量计算规则

1. 脚手架工程

脚手架工程工程量清单项目设置、项目特征描述的内容、计量单位及工程量计算规则，应按表 3-101 的规定执行。

表 3-101　脚手架工程（编码：011701）

项目编码	项目名称	项目特征	计量单位	工程量计算规则	工作内容
011701001	综合脚手架	1. 建筑结构形式 2. 檐口高度	m²	按建筑面积计算	1. 场内、场外材料搬运 2. 搭、拆脚手架、斜道、上料平台 3. 安全网的铺设 4. 选择附墙点与主体连接 5. 测试电动装置、安全锁等 6. 拆除脚手架后材料的堆放
011701002	外脚手架	1. 搭设方式 2. 搭设高度 3. 脚手架材质		按所服务对象的垂直投影面积计算	1. 场内、场外材料搬运 2. 搭、拆脚手架、斜道、上料平台 3. 安全网的铺设 4. 拆除脚手架后材料的堆放
011701003	里脚手架				
011701004	悬空脚手架	1. 搭设方式 2. 悬挑宽度 3. 脚手架材质		按搭设的水平投影面积计算	
011701005	挑脚手架		m	按搭设长度乘以搭设层数以延长米计算	
011701006	满堂脚手架	1. 搭设方式 2. 搭设高度 3. 脚手架材质		按搭设的水平投影面积计算	
011701007	整体提升架	1. 搭设方式及启动装置 2. 搭设高度	m²	按所服务对象的垂直投影面积计算	1. 场内、场外材料搬运 2. 选择附墙点与主体连接 3. 搭、拆脚手架、斜道、上料平台 4. 安全网的铺设 5. 测试电动装置、安全锁等 6. 拆除脚手架后材料的堆放
011701008	外装饰吊篮	1. 升降方式及启动装置 2. 搭设高度及吊篮型号			1. 场内、场外材料搬运 2. 吊篮的安装 3. 测试电动装置、安全锁、平衡控制器等 4. 吊篮的拆卸

注：1. 使用综合脚手架时，不再使用外脚手架、里脚手架等单项脚手架；综合脚手架适用于能够按"建筑面积计算规则"计算建筑面积的建筑工程脚手架，不适用于房屋加层、构筑物及附属工程脚手架。

2. 同一建筑物有不同檐高时，按建筑物竖向切面分别按不同檐高编列清单项目。

3. 整体提升架已包括 2m 高的防护架体设施。

4. 脚手架材质可以不描述，但应注明由投标人根据工程实际情况按照国家现行标准《建筑施工扣件式钢管脚手架安全技术规范》（JGJ 130—2011）、《建筑施工附着升降脚手架管理暂行规定》（建［2000］230 号）等规范自行确定。

2. 混凝土模板及支架（撑）

混凝土模板及支架（撑）工程量清单项目设置、项目特征描述的内容、计量单位、工程量计算规则及工作内容，应按表3-102的规定执行。

表3-102　混凝土模板及支架（撑）（编码：011702）

项目编码	项目名称	项目特征	计量单位	工程量计算规则	工作内容
011702001	基础	基础类型	m²	按模板与现浇混凝土构件的接触面积计算 1. 现浇钢筋混凝土墙、板单孔面积≤0.3m²的孔洞不予扣除，洞侧壁模板亦不增加；单孔面积>0.3m²时应予扣除，洞侧壁模板面积并入墙、板工程量内计算 2. 现浇框架分别按梁、板、柱有关规定计算；附墙柱、暗梁、暗柱并入墙内工程量内计算 3. 柱、梁、墙、板相互连接的重叠部分，均不计算模板面积 4. 构造柱按图示外露部分计算模板面积	1. 模板制作 2. 模板安装、拆除、整理堆放及场内外运输 3. 清理模板粘结物及模内杂物、刷隔离剂等
011702002	矩形柱	—			
011702003	构造柱				
011702004	异形柱	柱截面形状			
011702005	基础梁	梁截面形状			
011702006	矩形梁	支撑高度			
011702007	异形梁	1. 梁截面形状 2. 支撑高度			
011702008	梁圈	—			
011702009	过梁				
011702010	弧形、拱形梁	1. 梁截面形状 2. 支撑高度			
011702011	直形墙	—			
011702012	弧形墙				
011702013	短肢剪力墙、电梯井壁				
011702014	有梁板	支撑高度			
011702015	无梁板				
011702016	平板				
011702017	拱板				
011702018	薄壳板				
011702019	空心板				
011702020	其他板				
011702021	栏板	—			
011702022	天沟、檐沟	构件类型		按模板与现浇混凝土构件的接触面积计算	
011702023	雨篷、悬挑板、阳台板	1. 构件类型 2. 板厚度		按图示外挑部分尺寸的水平投影面积计算，挑出墙外的悬臂梁及板边不另计算	
011702024	楼梯	类型		按楼梯（包括休息平台、平台梁、斜梁和楼层板的连接梁）的水平投影面积计算，不扣除宽度≤500mm的楼梯井所占面积，楼梯踏步、踏步板、平台梁等侧面模板不另计算，伸入墙内部分亦不增加	

（续）

项目编码	项目名称	项目特征	计量单位	工程量计算规则	工作内容
011702025	其他现浇构件	构件类型	m²	按模板与现浇混凝土构件的接触面积计算	1. 模板制作 2. 模板安装、拆除、整理堆放及场内外运输 3. 清理模板粘结物及模内杂物、刷隔离剂等
011702026	电缆沟、地沟	1. 沟类型 2. 沟截面		按模板与电缆沟、地沟接触的面积计算	
011702027	台阶	台阶踏步宽		按图示台阶水平投影面积计算，台阶端头两侧不另计算模板面积。架空式混凝土台阶，按现浇楼梯计算	
011702028	扶手	扶手断面尺寸		按模板与扶手的接触面积计算	
011702029	散水	—		按模板与散水的接触面积计算	
011702030	后浇带	后浇带部位		按模板与后浇带的接触面积计算	
011702031	化粪池	1. 化粪池部位 2. 化粪池规格		按模板与混凝土接触面积计算	
011702032	检查井	1. 检查井部位 2. 检查井规格			

注：1. 原槽浇灌的混凝土基础，不计算模板。
2. 混凝土模板及支撑（架）项目，只适用于以平方米计量，按模板与混凝土构件的接触面积计算。以立方米计量的模板及支撑（支架），按混凝土及钢筋混凝土实体项目执行，其综合单价中应包含模板及支撑（支架）。
3. 采用清水模板时，应在特征中注明。
4. 若现浇混凝土梁、板支撑高度超过3.6m时，项目特征应描述支撑高度。

3. 垂直运输

垂直运输工程量清单项目设置、项目特征描述的内容、计量单位、工程量计算规则应按表3-103的规定执行。

表3-103 垂直运输（编码：011703）

项目编码	项目名称	项目特征	计量单位	工程量计算规则	工作内容
011703001	垂直运输	1. 建筑物建筑类型及结构形式 2. 地下室建筑面积 3. 建筑物檐口高度、层数	1. m² 2. 天	1. 按建筑面积计算 2. 按施工工期日历天数计算	1. 垂直运输机械的固定装置、基础制作、安装 2. 行走式垂直运输机械轨道的铺设、拆除、摊销

注：1. 建筑物的檐口高度是指设计室外地坪至檐口滴水的高度（平屋顶系指屋面板底高度），凸出主体建筑物屋顶的电梯机房、楼梯出口间、水箱间、瞭望塔、排烟机房等不计入檐口高度。
2. 垂直运输指施工工程在合理工期内所需垂直运输机械。
3. 同一建筑物有不同檐高时，按建筑物的不同檐高做纵向分割，分别计算建筑面积，以不同檐高分别编码列项。

4. 超高施工增加

超高施工增加工程量清单项目设置、项目特征描述的内容、计量单位、工程量计算规则应按表3-104的规定执行。

表 3-104　超高施工增加（011704）

项目编码	项目名称	项目特征	计量单位	工程量计算规则	工作内容
011704001	超高施工增加	1. 建筑物建筑类型及结构形式 2. 建筑物檐口高度、层数 3. 单层建筑物檐口高度超过 20m，多层建筑物超过 6 层部分的建筑面积	m²	按建筑物超高部分的建筑面积计算	1. 建筑物超高引起的人工工效降低以及由于人工工效降低引起的机械降效 2. 高层施工用水加压水泵的安装、拆除及工作台班 3. 通信联络设备的使用及摊销

注：1. 单层建筑物檐口高度超过 20m，多层建筑物超过 6 层时，可按超高部分的建筑面积计算超高施工增加。计算层数时，地下室不计入层数。

2. 同一建筑物有不同檐高时，可按不同高度的建筑面积分别计算建筑面积，以不同檐高分别编码列项。

5. 大型机械设备进出场及安拆

大型机械设备进出场及安拆工程量清单项目设置、项目特征描述的内容及计量单位及工程量计算规则应按表 3-105 的规定执行。

表 3-105　大型机械设备进出场及安拆（编码：011705001）

项目编码	项目名称	项目特征	计量单位	工程量计算规则	工作内容
011705001	大型机械设备进出场及安拆	1. 机械设备名称 2. 机械设备规格型号	台次	按使用机械设备的数量计算	1. 安拆费包括施工机械、设备在现场进行安装拆卸所需人工、材料、机械和试运转费用以及机械辅助设施的折旧、搭设、拆除等费用 2. 进出场费包括施工机械、设备整体或分体自停放地点运至施工现场或由一施工地点运至另一施工地点所发生的运输、装卸、辅助材料等费用

6. 施工排水、降水

施工排水、降水工程量清单项目设置、项目特征描述的内容、计量单位及工程量计算规则应按表 3-106 的规定执行。

表 3-106　施工排水、降水（编码：011706）

项目编码	项目名称	项目特征	计量单位	工程量计算规则	工作内容
011706001	成井	1. 成井方式 2. 地层情况 3. 成井直径 4. 井（滤）管类型、直径	m	按设计图示尺寸以钻孔深度计算	1. 准备钻孔机械、埋设护筒、钻机就位；泥浆制作、固壁；成孔、出渣、清孔等 2. 对接上、下井管（滤管），焊接，安放，下滤料，洗井，连接试抽等
011706002	排水、降水	1. 机械规格型号 2. 降排水管规格	昼夜	按排、降水日历天数计算	1. 管道安装、拆除，场内搬运等 2. 抽水、值班、降水设备维修等

注：相应专项设计不具备时，可按暂估量计算。

7. 安全文明施工及其他措施项目

安全文明施工及其他措施项目工程量清单项目设置、计量单位、工作内容及包含范围应按表 3-107 的规定执行。

表 3-107　安全文明施工及其他措施项目（编码：011707）

项目编码	项目名称	工作内容及包含范围
011707001	安全文明施工	1. 环境保护：现场施工机械设备降低噪声、防扰民措施；水泥和其他易飞扬细颗粒建筑材料密闭存放或采取覆盖措施等；工程防扬尘洒水；土石方、建渣外运车辆防护措施等；现场污染源的控制、生活垃圾清理外运、场地排水排污措施；其他环境保护措施 2. 文明施工："五牌一图"；现场围挡的墙面美化（包括内外粉刷、刷白、标语等）、压顶装饰；现场厕所便槽刷白、贴面砖，水泥砂浆地面或地砖，建筑物内临时便溺设施；其他施工现场临时设施的装饰装修、美化措施；现场生活卫生设施；符合卫生要求的饮水设备、淋浴、消毒等设施；生活用洁净燃料；防煤气中毒、防蚊虫叮咬等措施；施工现场操作场地的硬化；现场绿化、治安综合治理；现场配备医药保健器材、物品和急救人员培训；现场工人的防暑降温、电风扇、空调等设备及用电；其他文明施工措施 3. 安全施工：安全资料、特殊作业专项方案的编制，安全施工标志的购置及安全宣传；"三宝"（安全帽、安全带、安全网）、"四口"（楼梯口、电梯井口、通道口、预留洞口）、"五临边"（阳台围边、楼板围边、屋面围边、槽坑围边、卸料平台两侧），水平防护架、垂直防护架、外架封闭等防护；施工安全用电，包括配电箱三级配电、两级保护装置要求、外电防护措施；起重机、塔吊等起重设备（含井架、门架）及外用电梯的安全防护措施（含警示标志）及卸料平台的临边防护、层间安全门、防护棚等设施；建筑工地起重机械的检验检测；施工机具防护棚及其围栏的安全保护设施；施工安全防护通道；工人的安全防护用品、用具购置；消防设施与消防器材的配置；电气保护、安全照明设施；其他安全防护措施 4. 临时设施：施工现场采用彩色、定型钢板，砖、混凝土砌块等围挡的安砌、维修、拆除；施工现场临时建筑物、构筑物的搭设、维修、拆除，如临时宿舍、办公室、食堂、厨房、厕所、诊疗所、临时文化福利用房、临时仓库、加工场地、搅拌台、临时简易水塔、水池；施工现场临时设施的搭设、维修、拆除，如临时供水管道、临时供电管线、小型临时设施等；施工现场规定范围内临时简易道路铺设，临时排水沟、排水设施安砌、维修、拆除；其他临时设施搭设、维修、拆除
011707002	夜间施工	1. 夜间固定照明灯具和临时可移动照明灯具的设置、拆除 2. 夜间施工时，施工现场交通标志、安全标牌、警示灯等的设置、移动、拆除 3. 包括夜间照明设备及照明用电、施工人员夜班补助、夜间施工劳动效率降低等
011707003	非夜间施工照明	为保证工程施工正常进行，在地下室等特殊施工部位施工时所采用的照明设备的安拆、维护及照明用电等
011707004	二次搬运	由于施工场地条件限制而发生的材料、成品、半成品等一次运输不能到达堆放地点，必须进行的二次或多次搬运
011707005	冻雨季施工	1. 冬雨（风）季施工时增加的临时设施（防寒保温、防雨、防风设施）的搭设、拆除 2. 冬雨（风）季施工时，对砌体、混凝土等采用的特殊加温、保温和养护措施 3. 冬雨（风）季施工时，施工现场的防滑处理、对影响施工的雨雪的清除 4. 包括冬雨（风）季施工时增加的临时设施、施工人员的劳动保护用品、冬雨（风）季施工劳动效率降低等
011707006	地上、地下设施、建筑物的临时保护设施	在工程施工过程中，对已建成的地上、地下设施和建筑物进行的遮盖、封闭、隔离等必要保护措施
011707007	已完工程及设备保护	对已完工程及设备采取的覆盖、包裹、封闭、隔离等必要保护措施

注：本表所列项目应根据工程实际情况计算措施项目费用，需分摊的应合理计算摊销费用。

3.11.2　措施项目清单工程量计算实例

【例3-59】　如图3-74所示为某工程框架结构建筑物某层现浇混凝土及钢筋混凝土柱梁平板结构图，层高3.0m，其中板厚为120mm，梁、板顶标高为 + 6.000m，柱的区域部分为（ +3.0 ~ +6.00m）。该工程在招标文件中要求，模板单列，不计入混凝土实体项目综合单价，不采用清水模板。试列出该层现浇混凝土及钢筋混凝土柱、梁、平板、模板工程的分部分项工程量清单。

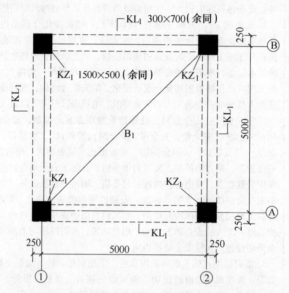

图 3-74　某工程现浇混凝土及钢筋混凝土柱梁板结构示意图

【解】

（1）矩形柱

$$S = 4 \times (3 \times 0.5 \times 4 - 0.3 \times 0.7 \times 2 - 0.2 \times 0.12 \times 2) = 22.13(\mathrm{m}^2)$$

（2）矩形梁

$$S = [(5 - 0.5) \times (0.7 \times 2 + 0.3)] - 4.5 \times 0.12 \times 4 = 28.44(\mathrm{m}^2)$$

（3）板

$$S = (5.5 - 2 \times 0.3) \times (5.5 - 2 \times 0.3) - 0.2 \times 0.2 \times 4 = 23.85(\mathrm{m}^2)$$

清单工程量计算见表3-108。

表3-108　清单工程量计算表（例3-59）

序号	项目编码	项目名称	项目特征描述	工程量合计	计量单位
1	011702002001	矩形柱	图代号：图 3-74	22.13	m²
2	011702006001	矩形梁	图代号：图 3-74	28.44	m²
3	011702014001	平板	图代号：图 3-74	23.85	m²

注：根据《房屋建筑与装饰工程工程量计算规范》（GB 80854—2013）规定，若现浇混凝土梁、板支撑高度超过3.6m时，项目特征要描述支撑高度，否则不描述。

【例3-60】　某高层建筑如图3-75所示，框剪结构，女儿墙高度为1.8m，由某总承包公司承包，施工组织设计中，垂直运输，采用自升式塔式起重机及单笼施工电梯。试列出该高层建筑物的垂直运输、超高施工增加的分部分项工程量清单。

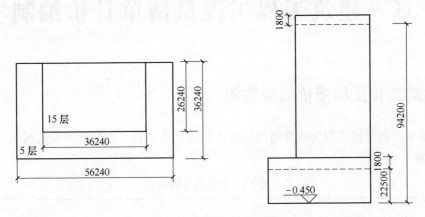

图 3-75　某高层建筑示意图

【解】

（1）垂直运输（檐高 94.20m 以内）

$$26.24 \times 36.24 \times 5 + 36.24 \times 26.24 \times 15 = 19018.75(\text{m}^2)$$

（2）垂直运输（檐高 22.50m 以内）

$$(56.24 \times 36.24 - 36.24 \times 26.24) \times 5 = 5436.00(\text{m}^2)$$

（3）超高施工增加

$$36.24 \times 26.24 \times 14 = 13313.13(\text{m}^2)$$

清单工程量计算见表 3-109。

表 3-109　清单工程量计算表（例 3-60）

序号	项目编码	项目名称	项目特征描述	工程量合计	计量单位
1	011703001001	垂直运输	1. 建筑物建筑类型及结构形式：现浇框架结构 2. 建筑物檐口高度、层数：94.20m、20 层	19018.75	m²
2	011703001002	垂直运输	1. 建筑物建筑类型及结构形式：现浇框架结构 2. 建筑物檐口高度、层数：22.50m、5 层	5436.00	m²
3	011704001001	超高施工增加	1. 建筑物建筑类型及结构形式：现浇框架结构 2. 建筑物檐口高度、层数：94.20m、20 层	13313.13	m²

注：根据《房屋建筑与装饰工程工程量计算规范》（GB 80854—2013）规定，同一建筑物有不同檐高时，按建筑物不同檐高做纵向分割，分别计算建筑面积，以不同檐高分别编码列项。

第4章 建筑工程工程量清单计价编制实例

4.1 建筑工程投标报价编制实例

现以某中学教学楼工程为例介绍投标报价编制（由委托工程造价咨询人编制）。

1. 封面（表4-1）

表 4-1 投标总价封面

　　×× 中学教学楼　　工程

投 标 总 价

投　标　人：　　　　×× 建筑公司　　　　
（单位盖章）

×× 年 × 月 × 日

2. 扉页（表 4-2）

表 4-2　投标总价扉页

投 标 总 价

招　标　人：＿＿＿＿＿＿＿××中学＿＿＿＿＿＿＿

工 程 名 称：＿＿＿＿＿××中学教学楼工程＿＿＿＿＿

投标总价(小写)：＿＿＿＿＿7972282＿＿＿＿＿

　　　　(大写)：＿＿柒佰玖拾柒万贰仟贰佰捌拾贰元＿＿

投　标　人：＿＿＿＿＿＿××建筑公司＿＿＿＿＿＿＿

　　　　　　　　　　（单位盖章）

法定代表人

或其授权人：＿＿＿＿＿＿＿＿×××＿＿＿＿＿＿＿＿

　　　　　　　　　　（签字或盖章）

编　制　人：＿＿＿＿＿＿＿＿×××＿＿＿＿＿＿＿＿

　　　　　　　　　（造价人员签字盖专用章）

编制时间：××年×月×日

3. 总说明（表 4-3）

表 4-3　总说明

工程名称：××中学教学楼工程　　　　　　　　　　　　　　　第 1 页　共 1 页

　1. 工程概况：本工程为砖混结构，混凝土灌注桩基，建筑层数为六层，建筑面积 $10940m^2$，招标计划工期为 200 日历天，投标工期为 180 日历天。

　2. 投标报价包括范围：为本次招标的施工图范围内的建筑工程和安装工程。

　3. 投标报价编制依据：

　（1）招标文件、招标工程量清单和有关报价要求，招标文件的补充通知和答疑纪要；

　（2）施工图及投标施工组织设计；

　（3）《建设工程工程量清单计价规范》（GB 50500—2013）以及有关的技术标准、规范和安全管理规定等；

　（4）省建设主管部门颁发的计价定额和计价办法及相关计价文件；

　（5）材料价格根据本公司掌握的价格情况并参照工程所在地工程造价管理机构 ×× 年 × 月工程造价信息发布的价格。单价中已包括招标文件要求的 ≤5% 的价格波动风险。

　4. 其他（略）。

4. 投标控制价汇总表（表4-4～表4-6）

表4-4　建设项目投标报价汇总表

工程名称：××中学教学楼工程　　　　　　　　　　　　　　　　第1页　共1页

序　号	单项工程名称	金额/元	其中：/元		
			暂估价	安全文明施工费	规　费
1	教学楼工程	7972282	845000	209650	239001
合　　计		7972282	845000	209650	239001

注：本表适用于建设项目招标控制价或投标报价的汇总。

说明：本工程仅为一栋教学楼，故单项工程即为建设项目。

表4-5　单项工程投标报价汇总表

工程名称：××中学教学楼工程　　　　　　　　　　　　　　　　第1页　共1页

序　号	单位工程名称	金额/元	其中：/元		
			暂估价	安全文明施工费	规　费
1	教学楼工程	7972282	845000	209650	239001
合　　计		7972282	845000	209650	239001

注：本表适用于单项工程招标控制价或投标报价的汇总。暂估价包括分部分项工程中的暂估价和专业工程暂估价。

表4-6　单位工程投标报价汇总表

工程名称：××中学教学楼工程　　　　　　　　　　　　　　　　第1页　共1页

序　号	汇总内容	金额/元	其中：暂估价/元
1	分部分项工程	6134749	845000
0101	土石方工程	99757	
0103	桩基工程	397283	
0104	砌筑工程	725456	
0105	混凝土及钢筋混凝土工程	2432419	800000
0106	金属结构工程	1794	
0108	门窗工程	366464	
0109	屋面及防水工程	251838	
0110	保温、隔热、防腐工程	133226	
0111	楼地面装饰工程	291030	
0112	墙柱面装饰与隔断、幕墙工程	418643	
0113	天棚工程	230431	
0114	油漆、涂料、裱糊工程	233606	
0304	电气设备安装工程	360140	45000
0310	给排水安装工程	192662	

（续）

序　号	汇总内容	金额/元	其中：暂估价/元
2	措施项目	738257	—
0117	其中：安全文明施工费	209650	—
3	其他项目	597288	—
3.1	其中：暂列金额	350000	—
3.2	其中：专业工程暂估价	200000	—
3.3	其中：计日工	26528	—
3.4	其中：总承包服务费	20760	—
4	规费	239001	—
5	税金	262887	—
投标报价合计 = 1 + 2 + 3 + 4 + 5		7972282	845000

5. 分部分项工程和单价措施项目清单与计价表（表4-7～表4-10）

表4-7　分部分项工程和单价措施项目清单与计价表（一）

工程名称：××中学教学楼工程　　　　　　　标段：　　　　　　　第1页　共4页

序号	项目编码	项目名称	项目特征描述	计量单位	工程量	综合单价	合价	其中暂估价
			0101 土石方工程					
1	010101003001	挖沟槽土方	三类土，垫层底宽2m，挖土深度＜4m，弃土运距＜7km	m³	1432	21.92	31389	
			（其他略）					
			分部小计				99757	
			0103 桩基工程					
2	010302003001	泥浆护壁混凝土灌注桩	桩长10m，护壁段长9m，共42根，桩直径1000mm，扩大头直径1100mm，桩混凝土为C25，护壁混凝土为C20	m	420	322.06	135265	
			（其他略）					
			分部小计				397283	
			0104 砌筑工程					
3	010401001001	条形砖基础	M10 水泥砂浆，MU15 页岩砖 240×115×53（mm）	m³	239	290.46	69420	
4	010401003001	实心砖墙	M7.5 混合砂浆，MU15 页岩砖 240×115×53（mm），墙厚度240mm	m³	2037	304.43	620124	
			（其他略）					
			分部小计				725456	

（续）

序号	项目编码	项目名称	项目特征描述	计量单位	工程量	综合单价	合价	其中 暂估价
			0105 混凝土及钢筋混凝土工程					
5	010503001001	基础梁	C30 预拌混凝土，梁底标高 −1.550m	m³	208	356.14	74077	
6	010515001001	现浇构件钢筋	螺纹钢 Q235，φ14	t	200	4787.16	957432	800000
			（其他略）					
			分部小计				2432419	
			本页小计				3654915	800000
			合　计				3654915	800000

注：为计取规费等的使用，可在表中增设其中："定额人工费"。

表4-8　分部分项工程和单价措施项目清单与计价表（二）

工程名称：××中学教学楼工程　　　　　标段：　　　　　第2页　共4页

序号	项目编码	项目名称	项目特征描述	计量单位	工程量	综合单价	合价	其中 暂估价
			0106 金属结构工程					
7	010606008001	钢爬梯	U 形，型钢品种、规格详见施工图	t	0.258	6951.71	1794	
			分部小计				1794	
			0108 门窗工程					
8	010807001001	塑钢窗	80 系列 LC0915 塑钢平开窗带纱 5mm 白玻	m²	900	273.40	246060	
			（其他略）					
			分部小计				366464	
			0109 屋面及防水工程					
9	010902003001	屋面刚性防水	C20 细石混凝土，厚 40mm，建筑油膏嵌缝	m²	1853	21.43	39710	
			（其他略）					
			分部小计				251838	
			0110 保温、隔热、防腐工程					
10	011001001001	保温隔热屋面	沥青珍珠岩块 500mm×500mm×150mm，1：3 水泥砂浆护面，厚25mm	m²	1853	53.81	99710	
			分部小计				133226	

（续）

序号	项目编码	项目名称	项目特征描述	计量单位	工程量	金额/元		
						综合单价	合价	其中 暂估价
			0111 楼地面装饰工程					
11	011101001001	水泥砂浆楼地面	1：3 水泥砂浆找平层，厚20mm，1：2 水泥砂浆面层，厚25mm	m²	6500	33.77	219505	
			（其他略）					
			分部小计				291030	
			本页小计				1044352	—
			合 计				4699267	800000

注：为计取规费等的使用，可在表中增设其中："定额人工费"。

表4-9 分部分项工程和单价措施项目清单与计价表（三）

工程名称：××中学教学楼工程　　　　　　　标段：　　　　　第3页 共4页

序号	项目编码	项目名称	项目特征描述	计量单位	工程量	金额/元		
						综合单价	合价	其中 暂估价
			0112 墙、柱面装饰与隔断、幕墙工程					
12	011201001001	外墙面抹灰	页岩砖墙面，1：3 水泥砂浆底层，厚15mm，1：2.5 水泥砂浆面层，厚6mm	m²	4050	17.44	70632	
13	011202001001	柱面抹灰	混凝土柱面，1：3 水泥砂浆底层，厚15mm，1：2.5 水泥砂浆面层，厚6mm	m²	850	20.42	17357	
			（其他略）					
			分部小计				418643	
			0113 天棚工程					
14	011301001001	混凝土天棚抹灰	基层刷水泥浆一道加107胶，1：0.5：2.5 水泥石灰砂浆底层，厚12mm，1：0.3：3 水泥石灰砂浆面层厚4mm	m²	7000	16.53	115710	
			（其他略）					
			分部小计				230431	
			0114 油漆、涂料、裱糊工程					
15	011407001001	外墙乳胶漆	基层抹灰面满刮成品耐水腻子三遍磨平，乳胶漆一底二面	m²	4050	44.70	181035	
			（其他略）					
			分部小计				233606	
			0117 措施项目					
16	011701001001	综合脚手架	砖混、檐高22m	m²	10940	19.80	216612	
			（其他略）					
			分部小计				738257	
			本页小计				1620937	—
			合 计				6320204	800000

注：为计取规费等的使用，可在表中增设其中："定额人工费"。

表 4-10　分部分项工程和单价措施项目清单与计价表（四）

工程名称：××中学教学楼工程　　　　　　　　标段：　　　　　　　第 4 页　共 4 页

序号	项目编码	项目名称	项目特征描述	计量单位	工程量	金额/元		
						综合单价	合价	其中 暂估价
			0304 电气设备安装工程					
17	030404035001	插座安装	单相三孔插座，250V/10A	个	1224	10.46	12803	
18	030411001001	电气配管	砖墙暗配 PC20 阻燃 PVC 管	m	9858	8.23	81131	45000
			（其他略）					
			分部小计			,	360140	45000
			0310 给排水安装工程					
19	031001006001	塑料给水管安装	室内 DN20/PP－R 给水管，热熔连接	m	1569	17.54	27520	
20	031001006002	塑料排水管安装	室内 φ 110UPVC 排水管，承插胶粘接	m	849	46.96	39869	
			（其他略）					
			分部小计				192662	
			本页小计				552802	—
			合计				6873006	845000

注：为计取规费等的使用，可在表中增设其中："定额人工费"。

6. 综合单价分析表（表 4-11、表 4-12）

表 4-11　综合单价分析表（一）

工程名称：××中学教学楼工程　　　　　　　　标段：　　　　　　　第 1 页　共 2 页

项目编码	010515001001			项目名称			现浇构件钢筋	计量单位	t	工程量	200

				清单综合单价组成明细							

定额编号	定额项目名称	定额单位	数量	单价				合价			
				人工费	材料费	机械费	管理费和利润	人工费	材料费	机械费	管理费和利润
AD0809	现浇构建钢筋制作、安装	t	1.07	275.47	4044.58	58.33	95.59	294.75	4327.70	62.42	102.29
人工单价		小计						294.75	4327.70	62.42	102.29
80 元/工日		未计价材料费									
清单项目综合单价								4787.16			

材料费明细	主要材料名称、规格、型号		单位	数量	单价/元	合价/元	暂估单价/元	暂估合价/元
	螺纹钢筋 A235，φ14		t	1.07			4000.00	4280.00
	焊条		kg	8.64	4.00	34.56	··	
	其他材料费				—	13.14	—	
	材料费小计				—	47.70	—	4280.00

（续）

项目编码	011407001001			项目名称		外墙乳胶漆	计量单位	m²	工程量	4050
清单综合单价组成明细										
定额编号	定额项目名称	定额单位	数量	单价				合价		
				人工费	材料费	机械费	管理费和利润	人工费	材料费	机械费	管理费和利润
BE0267	抹灰面满刮耐水腻子	100m²	0.01	338.52	2625	—	127.76	3.39	26.25	—	1.28
BE0276	外墙乳胶漆底漆一遍，面漆二遍	100m²	0.01	317.97	940.37	—	120.01	3.18	9.40	—	1.20
人工单价	小计							6.57	35.65	—	2.48
80 元/工日	未计价材料费										
清单项目综合单价								44.70			
材料费明细	主要材料名称、规格、型号			单位	数量			单价/元	合价/元	暂估单价/元	暂估合价/元
	耐水成品腻子			kg	2.50			10.50	26.25		
	××牌乳胶漆面漆			kg	0.353			20.00	7.06		
	××牌乳胶漆底漆			kg	0.136			17.00	2.31		
	其他材料费							—	0.03		
	材料费小计							—	35.65		

注：1. 如不使用省级或行业建设主管部门发布的计价依据，可不填定额编号、名称等。
　　2. 招标文件提供了暂估单价的材料，按暂估的单价填入表内"暂估单价"栏及"暂估合价"栏。

表 4-12　综合单价分析表（二）

工程名称：××中学教学楼工程　　　　　　　　　标段：　　　　　　　第 2 页　共 2 页

项目编码	030411001001			项目名称		电气配管	计量单位	m	工程量	9858
清单综合单价组成明细										
定额编号	定额项目名称	定额单位	数量	单价				合价		
				人工费	材料费	机械费	管理费和利润	人工费	材料费	机械费	管理费和利润
CB1528	砖墙暗配管	100m	0.01	312.89	64.22	—	136.34	3.13	0.64	—	1.36
CB1792	暗装接线盒	10 个	0.001	16.80	9.76	—	7.31	0.02	0.01	—	0.01
CB1793	暗装开关盒	10 个	0.023	17.92	4.52	—	7.80	0.41	0.10	—	0.18
人工单价	小计							3.56	0.75	—	1.55
85 元/工日	未计价材料费								2.37		
材料费明细	主要材料名称、规格、型号			单位	数量			单价/元	合价/元	暂估单价/元	暂估合价/元
	刚性阻燃管 DN20			m	1.10			1.90	2.09		
	××牌接线盒			个	0.012			1.80	0.02		
	××牌开关盒			个	0.236			1.10	0.26		
	其他材料费							—	0.75		
	材料费小计							—	3.12		

注：1. 如不使用省级或行业建设主管部门发布的计价依据，可不填定额编号、名称等。
　　2. 招标文件提供了暂估单价的材料，按暂估的单价填入表内"暂估单价"栏及"暂估合价"栏。

7. 总价措施项目清单与计价表（表4-13）

表4-13　总价措施项目清单与计价表

工程名称：××中学教学楼工程　　　　　　　　标段：　　　　　　　　第1页　共1页

序号	项目编码	项目名称	计算基础	费率(%)	金额/元	调整费率(%)	调整后金额/元	备注
1	011707001001	安全文明施工费	定额人工费	25	209650			
2	011707002001	夜间施工增加费	定额人工费	1.5	12479			
3	011707004001	二次搬运费	定额人工费	1	8386			
4	011707005001	冬雨季施工增加费	定额人工费	0.6	5032			
5	011707007001	已完工程及设备保护费			6000			
		合　计			241547			

编制人（造价人员）：　　　　　　　　　复核人（造价工程师）：

注：1. "计算基础"中安全文明施工费可为"定额基价"、"定额人工费"或"定额人工费+定额机械费"，其他项目可为"定额人工费"或"定额人工费+定额机械费"。

　　2. 按施工方案计算的措施费，若无"计算基础"和"费率"的数值，也可只填"金额"数值，但应在备注栏说明施工方案出处或计算方法。

8. 其他项目清单与计价汇总表（表4-14）

表4-14　其他项目清单与计价汇总表

工程名称：××中学教学楼工程　　　　　　　　标段：　　　　　　　　第1页　共1页

序号	项目名称	金额/元	结算金额/元	备注
1	暂列金额	350000		明细详见表4-15
2	暂估价	200000		
2.1	材料暂估价	—		明细详见表4-16
2.2	专业工程暂估价	200000		明细详见表4-17
3	计日工	26528		明细详见表4-18
4	总承包服务费	20760		明细详见表4-19
5				
	合　计	583600		—

注：材料（工程设备）暂估价进入清单项目综合单价，此处不汇总。

（1）暂列金额及拟用项目（表4-15）

表4-15　暂列金额明细表

工程名称：××中学教学楼工程　　　　　　　标段：　　　　　　　　　　第1页 共1页

序　号	项 目 名 称	计量单位	暂定金额/元	备　注
1	自行车棚工程	项	100000	
2	工程量偏差和设计变更	项	100000	
3	政策性调整和材料价格波动	项	100000	
4	其他	项	50000	
5				
6				
合　计			350000	—

注：此表由招标人填写，如不能详列，也可只列暂定金额总额，投标人应将上述暂列金额计入投标总价中。

（2）材料（工程设备）暂估单价及调整表（表4-16）

表4-16　材料（工程设备）暂估单价及调整表

工程名称：××中学教学楼工程　　　　　　　标段：　　　　　　　　　　第1页 共1页

序号	材料（工程设备）名称、规格、型号	计量单位	数量		暂估/元		确认/元		差额±/元		备　注
			暂估	确认	单价	合价	单价	合价	单价	合价	
1	钢筋（规格见施工图）	t	200		4000	800000					用于现浇钢筋混凝土项目
2	低压开关柜（CGD 190380/220V）	t	1		45000	45000					用于低压开关柜安装项目
合　计						845000					

注：此表由招标人填写"暂估单价"，并在备注栏说明暂估价的材料、工程设备拟用在哪些清单项目上，投标人应将上述材料、工程设备暂估单价计入工程量清单综合单价报价中。

（3）专业工程暂估价及结算价表（表4-17）

表4-17　专业工程暂估价及结算价表

工程名称：××中学教学楼工程　　　　　　　标段：　　　　　　　第1页　共1页

序号	工程名称	工程内容	暂估金额/元	结算金额/元	差额±/元	备注
1	消防工程	合同图纸中标明的以及消防工程规范和技术说明中规定的各系统中的设备、管道、阀门、线缆等的供应、安装和调试工作	200000			
合计			200000			

注：此表"暂估金额"由招标人填写，投标人应将"暂估金额"计入投标总价中，结算时按合同约定结算金额填写。

（4）计日工表（表4-18）

表4-18　计日工表

工程名称：××中学教学楼工程　　　　　　　标段：　　　　　　　第1页　共1页

编号	项目名称	单位	暂定数量	实际数量	综合单价/元	合价/元 暂定	合价/元 实际
一	人工						
1	普工	工日	100		80	8000	
2	机工	工日	60		110	6600	
	人工小计					14600	
二	材料						
1	钢筋（规格见施工图）	t	1		4000	4000	
2	水泥42.5	t	2		600	1200	
3	中砂	m³	10		80	800	
4	砾门（5～40mm）	m³	5		42	210	
5	页岩砖（240mm×115mm×53mm）	千匹	1		300	300	
	材料小计					6510	
三	施工机械						
1	自升式塔吊起重机	台班	5		550	2750	
2	灰浆搅拌机（400L）	台班	2		20	40	
3							
	施工机械小计					2790	
四、企业管理费和利润	按人工费18%计					2628	
总计						26528	

注：此表项目名称、暂定数量由招标人填写，编制招标控制价时，单价由招标人按有关计价规定确定；投标时，单价由投标人自主报价，按暂定数量计算合价计入投标总价中。结算时，按发承包双方确认的实际数量计算合价。

（5）总承包服务费计价表（表4-19）

表4-19　总承包服务费计价表

工程名称：××中学教学楼工程　　　　　　标段：　　　　　　第1页　共1页

序号	项目名称	项目价值/元	服务内容	计算基础	费率（%）	金额/元
1	发包人发包专业工程	200000	1. 按专业工程承包人的要求提供施工工作面并对施工现场进行统一管理，对竣工资料进行统一整理汇总 2. 为专业工程承包人提供垂直运输机械和焊接电源接入点，并承担垂直运输费和电费	项目价值	7	14000
2	发包人供应材料	845000	对发包人供应的材料进行验收及保管和使用发放	项目价值	0.8	6760
合计	—		—		—	20760

注：此表项目名称、服务内容由招标人填写，编制招标控制价时，费率及金额由招标人按有关计价规定确定；投标时，费率及金额由投标人自主报价，计入投标总价中。

9. 规费、税金项目计价表（表4-20）

表4-20　规费、税金项目计价表

工程名称：××中学教学楼工程　　　　　　标段：　　　　　　第1页　共1页

序号	项目名称	计算基础	计算基数	计算费率（%）	金额/元
1	规费	定额人工费			239001
1.1	社会保险费	定额人工费	（1）+…+（5）		188685
（1）	养老保险费	定额人工费		14	117404
（2）	失业保险费	定额人工费		2	16772
（3）	医疗保险费	定额人工费		6	50316
（4）	工伤保险费	定额人工费		0.25	2096.5
（5）	生育保险费	定额人工费		0.25	2096.5
1.2	住房公积金	定额人工费		6	50316
1.3	工程排污费	按工程所在地环境保护部门收取标准，按实计入			
2	税金	分部分项工程费+措施项目费+其他项目费+规费-按规定不计税的工程设备金额		3.41	262887
合计					501888

编制人（造价人员）：　　　　　　　　复核人（造价工程师）：

10. 总价项目进度款支付分解表（表4-21）

表4-21　总价项目进度款支付分解表

工程名称：××中学教学楼工程　　　　　　　标段：　　　　　　第1页　共1页

序号	项目名称	总价金额	首次支付	二次支付	三次支付	四次支付	五次支付	
1	安全文明施工费	209650	62895	62895	41930	41930		
2	夜间施工增加费	12479	2496	2496	2496	2496	2495	
3	二次搬运费	8386	1677	1677	1677	1677	1678	
	略							
	社会保险费	188685	37737	37737	37737	37737	37737	
	住房公积金	50316	10063	10063	10063	10063	10064	
	合　计							

编制人（造价人员）：　　　　　　　　　　复核人（造价工程师）：

注：1. 本表应由承包人在投标报价时根据发包人在招标文件明确的进度款支付周期与报价填写，签订合同时，发、承包双方可就支付分解协商调整后作为合同附件。

2. 单价合同使用本表，"支付"栏时间应与单价项目进度款支付周期相同。

3. 总价合同使用本表，"支付"栏时间应与约定的工程计量周期相同。

11. 主要材料、工程设备一览表（表4-22）

表4-22　承包人提供主要材料和工程设备一览表

（适用于价格指数差额调整法）

工程名称：××中学教学楼工程　　　　　　　标段：　　　　　　第1页　共1页

序　号	名称、规格、型号	变值权重 B	基本价格指数 F_0	现行价格指数 F_t	备　注
1	人工	0.18	110%		
2	钢材	0.11	4000 元/t		
3	预拌混凝土 C30	0.16	340 元/m³		
4	页岩砖	0.15	300 元/千匹		
5	机械费	0.08	100%		
	定值权重 A	0.42	—	—	
	合　计	1	—	—	

注：1. "名称、规格、型号"、"基本价格指数"栏由招标人填写，基本价格指数应首先采用工程造价管理机构发布的价格指数，没有时，可采用发布的价格代替。如人工费、机械费也采用本法调整由招标人在"名称"栏填写。

2. "变值权重"栏由投标人根据该项人工费、机械费和材料、工程设备值在投标总报价中所占的比例填写，1减去其比例为定值权重。

3. "现行价格指数"按约定的付款证书相关周期最后一天的前42天的各项价格指数填写，该指数应首先采用工程造价管理机构发布的价格指数，没有时，可采用发布的价格代替。

4.2　建筑工程竣工结算编制实例

现以某中学教学楼工程为例介绍工程竣工结算编制（发包人报送）。

1. 封面（表4-23）

表 4-23　竣工结算书封面

<u>　×× 中学教学楼　</u>工程

竣 工 结 算 书

发 包 人：<u>　　　　　×× 中学　　　　　</u>

（单位盖章）

承 包 人：<u>　　　　×× 建筑公司　　　　</u>

（单位盖章）

造价咨询人：<u>　　×× 工程造价咨询企业　　</u>

（单位盖章）

×× 年 × 月 × 日

2. 扉页（表4-24）

表4-24　竣工结算书扉页

　　　　××中学教学楼　**工程**

竣工结算总价

签约合同价（小写）：　　　7972282 元　　　　　　　（大写）：　　　柒佰玖拾柒万贰仟贰佰捌拾贰元　　　

竣工结算价（小写）：　　　7937251 元　　　　　　　（大写）：　　　柒佰玖拾叁万柒仟贰佰伍拾壹元　　　

发包人：　　　　××中学　　　　　　承包人：　　　××建筑公司　　　　　造价咨询人：××工程造价咨询企业

　　　　　（单位盖章）　　　　　　　　　　　（单位盖章）　　　　　　　　　　（单位资质专用章）

法定代表人　　××中学　　　　　　法定代表人　　××建筑公司　　　　法定代表人　　××工程造价咨询企业

或其授权人：　　　×××　　　　　　或其授权人：　　　×××　　　　　或其授权人：　　　　×××　　　

　　　　（签字或盖章）　　　　　　　　　　（签字或盖章）　　　　　　　　　　（签字或盖章）

编　制　人：　　　　　　×××　　　　　　　　　核　对　人：　　　　　　×××　　　

　　　　（造价人员签字盖专用章）　　　　　　　　　　　（造价工程师签字盖专用章）

编制时间：××年×月×日　　　　　　　　　　核对时间：××年×月×日

3. 总说明（表4-25）

表4-25 总说明

工程名称：××中学教学楼工程   第1页 共1页

1. 工程概况：本工程为砖混结构，混凝土灌注桩基，建筑层数为六层，建筑面积10940m²，招标计划工期为200日历天，投标工期为180日历天，实际工期175日历天。

2. 竣工结算核对依据：

（1）承包人报送的竣工结算；

（2）施工合同；

（3）竣工图、发包人确认的实际完成工程量和索赔及现场签证资料；

（4）省工程造价管理机构发布的人工费调整文件。

3. 核对情况说明：

原报送结算金额为7975986元，核对后确认金额为7937251元，金额变化的主要原因为：

（1）原报送结算中，发包人供应的现浇混凝土用钢筋，结算单价为4306元/t，根据进货凭证和付款记录，发包人供应钢筋的加权平均价格核对确认为4295元/t，并调整了相应项目综合单价和总承包服务费。

（2）计工日26528元，实际支付10690元，节支15838元；总承包服务费20760元，实际支付21000元，超支240元；规费239001元，实际支付240426元，超支1425元；税金262887元，实际支付261735元，节支1152元。增减相抵节支15325元。

（3）暂列金额350000万元，主要用于钢结构自行车棚62000元，工程量偏差及设计变更162130元，用于索赔及现场签证28541元，用于人工费调整36243元，发包人供应钢筋和低压开关柜暂估价变更41380元，暂列金额节余19706元。加上（2）项节支15325元，比签约合同价节余35031元。

4. 其他（略）。

4. 竣工结算汇总表（表4-26～表4-28）

表4-26 建设项目竣工结算汇总表

工程名称：××中学教学楼工程   第1页 共1页

序 号	单项工程名称	金额/元	其中：/元	
			安全文明施工费	规 费
1	教学楼工程	7937251	210990	240426
合 计		7937251	210990	240426

表 4-27　单项工程竣工结算汇总表

工程名称：××中学教学楼工程　　　　　　　　　　　　　　　　第1页　共1页

序　号	单位工程名称	金额/元	其中：/元	
			安全文明施工费	规　费
1	教学楼工程	7937251	210990	240426
合　计		7937251	210990	240426

表 4-28　单位工程投标报价汇总表

工程名称：××中学教学楼工程　　　　　　　　　　　　　　　　第1页　共1页

序　号	汇　总　内　容	金额/元
1	分部分项工程	6426805
0101	土石方工程	120831
0103	桩基工程	423926
0104	砌筑工程	708926
0105	混凝土及钢筋混凝土工程	2493200
0105	金属结构工程	65812
0108	门窗工程	380026
0109	屋面及防水工程	269547
0110	保温、隔热、防腐工程	132985
0111	楼地面装饰工程	318459
0112	墙柱面装饰与隔断、幕墙工程	440237
0113	天棚工程	241039
0114	油漆、涂料、裱糊工程	256793
0304	电气设备安装工程	375626
0310	给排水安装工程	201640
2	措施项目	747112
0117	其中：安全文明施工费	210990
3	其他项目	258931
3.1	其中：暂列金额	198700
3.2	其中：专业工程暂估价	10690
3.3	其中：计日工	21000
3.4	其中：总承包服务费	28541
4	规费	240426
5	税金	261735
竣工结算总价合计 = 1 + 2 + 3 + 4 + 5		7937251

注：如无单位工程划分，单项工程也使用本表汇总。

5. 分部分项工程和单价措施项目清单与计价表（表4-29～表4-32）

表4-29　分部分项工程和单价措施项目清单与计价表（一）

工程名称：××中学教学楼工程　　　　　　　　标段：　　　　　　　　第1页　共4页

序号	项目编码	项目名称	项目特征描述	计量单位	工程量	综合单价	合价	其中 暂估价
						金额/元		
			0101 土石方工程					
1	010101003001	挖沟槽土方	三类土，垫层底宽2m，挖土深度＜4m，弃土运距＜7km	m³	1503	21.92	32946	
			（其他略）					
			分部小计				120831	
			0103 桩基工程					
2	010302003001	泥浆护壁混凝土灌注桩	桩长10m，护壁段长9m，共42根，桩直径1000mm，扩大头直径1100mm，桩混凝土为C25，护壁混凝土为C20	m	432	322.06	139130	
			（其他略）					
			分部小计				423926	
			0104 砌筑工程					
3	010401001001	条形砖基础	M10 水泥砂浆，MU15 页岩砖 240mm×115mm×53mm	m³	239	290.46	69420	
4	010401003001	实心砖墙	M7.5 混合砂浆，MU15 页岩砖 240mm×115mm×53mm，墙厚度240mm	m³	1986	304.43	604598	
			（其他略）					
			分部小计				708926	
			0105 混凝土及钢筋混凝土工程					
5	010503001001	基础梁	C30 预拌混凝土，梁底标高 -1.550m	m³	208	356.14	74077	
6	010515001001	现浇构件钢筋	螺纹钢 Q235，Ø14	t	196	5132.29	1005929	
			（其他略）					
			分部小计				2493200	
			本页小计				3746883	
			合　计				3746883	

注：为计取规费等的使用，可在表中增设其中："定额人工费"。

表 4-30 分部分项工程和单价措施项目清单与计价表（二）

工程名称：××中学教学楼工程　　　　　　　　　标段：　　　　　　第 2 页　共 4 页

序号	项目编码	项目名称	项目特征描述	计量单位	工程量	金额/元		其中
						综合单价	合价	暂估价
			0106 金属结构工程					
7	010606008001	钢爬梯	U 形，型钢品种、规格详见施工图	t	0.258	7023.71	1812	
			分部小计				65812	
			0108 门窗工程					
8	010807001001	塑钢窗	80 系列 LC0915 塑钢平开窗带纱 5mm 白玻	m²	900	276.66	248994	
			（其他略）					
			分部小计				380026	
			0109 屋面及防水工程					
9	010902003001	屋面刚性防水	C20 细石混凝土，厚 40mm，建筑油膏嵌缝	m²	1757	21.92	38513	
			（其他略）					
			分部小计				269547	
			0110 保温、隔热、防腐工程					
10	011001001001	保温隔热屋面	沥青珍珠岩块 500mm × 500mm × 150mm，1：3 水泥砂浆护面，厚 25mm	m²	1757	54.58	95897	
			（其他略）					
			分部小计				132985	
			0111 楼地面装饰工程					
11	011101001001	水泥砂浆楼地面	1：3 水泥砂浆找平层，厚 20mm，1：2 水泥砂浆面层，厚 25mm	m²	6539	33.90	221672	
			（其他略）					
			分部小计				318459	
			本页小计				1166829	
			合　计				4913712	

注：为计取规费等的使用，可在表中增设其中："定额人工费"。

表4-31　分部分项工程和单价措施项目清单与计价表（三）

工程名称：××中学教学楼工程　　　　　　　　标段：　　　　　　第3页　共4页

序号	项目编码	项目名称	项目特征描述	计量单位	工程量	金额/元		
						综合单价	合价	其中 暂估价
			0112 墙、柱面装饰与隔断、幕墙工程					
12	011201001001	外墙面抹灰	页岩砖墙面，1：3 水泥砂浆底层，厚 15mm，1：2.5 水泥砂浆面层，厚6mm	m²	4123	18.26	75286	
13	011202001001	柱面抹灰	混凝土柱面，1：3 水泥砂浆底层，厚 15mm，1：2.5 水泥砂浆面层，厚6mm	m²	832	21.52	17905	
			（其他略）					
			分部小计				440237	
			0113 天棚工程					
14	011301001001	混凝土天棚抹灰	基层刷水泥浆一道加 107 胶，1：0.5：2.5 水泥石灰砂浆底层，厚12mm，1：0.3：3 水泥石灰砂浆面层厚4mm	m²	7109	17.36	123412	
			（其他略）					
			分部小计				241039	
			0114 油漆、涂料、裱糊工程					
15	011407001001	外墙乳胶漆	基层抹灰面满刮成品耐水腻子三遍磨平，乳胶漆一底两面	m²	4123	45.36	187019	
			（其他略）					
			分部小计				256793	
			0117 措施项目					
16	011701001001	综合脚手架	砖混、檐高 22m	m²	10940	20.79	227443	
			（其他略）					
			分部小计				747112	
			本页小计				1685181	
			合　　计				6598893	

注：为计取规费等的使用，可在表中增设其中："定额人工费"。

表 4-32　分部分项工程和单价措施项目清单与计价表（四）

工程名称：××中学教学楼工程　　　　　　　标段：　　　　　　　　第 4 页　共 4 页

序号	项目编码	项目名称	项目特征描述	计量单位	工程量	综合单价	合价	其中 暂估价
			0304 电气设备安装工程					
17	030404035001	插座安装	单相三孔插座，250V/10A	个	1224	10.96	13415	
18	030411001001	电气配管	砖墙暗配 PC20 阻燃 PVC 管	m	9937	8.58	85259	
			（其他略）					
			分部小计				375626	
			0310 给排水安装工程					
19	031001006001	塑料给水管安装	室内 DN20/PP-R 给水管，热熔连接	m	1569	18.62	29215	
20	031001006002	塑料排水管安装	室内 φ110UPVC 排水管，承插胶粘接	m	849	47.89	40659	
			（其他略）					
			分部小计				201640	
			本页小计				577266	
			合　　计				7176159	

注：为计取规费等的使用，可在表中增设其中："定额人工费"。

6. 综合单价分析表（表 4-33、表 4-34）

表 4-33　综合单价分析表（一）

工程名称：××中学教学楼工程　　　　　　　标段：　　　　　　　　第 1 页　共 2 页

项目编码	010515001001		项目名称	现浇构件钢筋		计量单位	t	工程量	196

清单综合单价组成明细

定额编号	定额项目名称	定额单位	数量	单价				合价			
				人工费	材料费	机械费	管理费和利润	人工费	材料费	机械费	管理费和利润
AD0809	现浇构建钢筋制作、安装	t	1.07	303.02	4339.58	58.33	95.59	324.23	4643.35	62.42	102.29
人工单价		小计						324.23	4643.35	62.42	102.29
88 元/工日		未计价材料费									
清单项目综合单价								5132.29			

材料费明细	主要材料名称、规格、型号	单位	数量	单价/元	合价/元	暂估单价/元	暂估合价/元
	螺纹钢筋 A235，φ14	t	1.07	4295.00	4595.65		
	焊条	kg	8.64	4.00	34.56		
	其他材料费			—	13.14	—	
	材料费小计			—	4643.35	—	

（续）

项目编码	011407001001	项目名称		外墙乳胶漆			计量单位	m²	工程量	4050

清单综合单价组成明细

定额编号	定额项目名称	定额单位	数量	单价				合价			
				人工费	材料费	机械费	管理费和利润	人工费	材料费	机械费	管理费和利润
BE0267	抹灰面满刮耐水腻子	100m²	0.01	372.37	2625	—	127.76	3.72	26.25	—	1.28
BE0276	外墙乳胶漆底漆一遍，面漆两遍	100m²	0.01	349.77	940.37	—	120.01	3.50	9.40	—	1.20
人工单价			小计					7.22	35.65		2.48
88 元/工日			未计价材料费								
清单项目综合单价								45.35			

材料费明细	主要材料名称、规格、型号	单位	数量	单价/元	合价/元	暂估单价/元	暂估合价/元
	耐水成品腻子	kg	2.50	10.50	26.25		
	××牌乳胶漆面漆	kg	0.353	20.00	7.06		
	××牌乳胶漆底漆	kg	0.136	17.00	2.31		
	其他材料费			—	0.03		
	材料费小计			—	35.65		

注：1. 如不使用省级或行业建设主管部门发布的计价依据，可不填定额编号、名称等。
2. 招标文件提供了暂估单价的材料，按暂估的单价填入表内"暂估单价"栏及"暂估合价"栏。

表 4-34 综合单价分析表（二）

工程名称：××中学教学楼工程 标段： 第2页 共2页

项目编码	030411001001	项目名称		电气配管			计量单位	m	工程量	9858

清单综合单价组成明细

定额编号	定额项目名称	定额单位	数量	单价				合价			
				人工费	材料费	机械费	管理费和利润	人工费	材料费	机械费	管理费和利润
CB1528	砖墙暗配管	100m	0.01	344.18	64.22	—	136.34	3.44	0.64	—	1.36
CB1792	暗装接线盒	10 个	0.001	18.48	9.76	—	7.31	0.02	0.01	—	0.01
CB1793	暗装开关盒	10 个	0.023	19.72	4.52	—	7.80	0.45	0.10	—	0.18
人工单价			小计					3.91	0.75		1.55
93.5 元/工日			未计价材料费					2.37			
清单项目综合单价								8.58			

材料费明细	主要材料名称、规格、型号	单位	数量	单价/元	合价/元	暂估单价/元	暂估合价/元
	刚性阻燃管 DN20	m	1.10	1.90	2.09		
	××牌接线盒	个	0.012	1.80	0.02		
	××牌开关盒	个	0.236	1.10	0.26		
	其他材料费			—	0.75		
	材料费小计			—	3.12		

注：1. 如不使用省级或行业建设主管部门发布的计价依据，可不填定额编号、名称等。
2. 招标文件提供了暂估单价的材料，按暂估的单价填入表内"暂估单价"栏及"暂估合价"栏。

7. 综合单价调整表（表4-35）

表4-35　综合单价调整表

工程名称：　　　　　　　　　　　　　　　标段：　　　　　　　　　第 页 共 页

序号	项目编码	项目名称	已标价清单综合单价/元					调整后综合单价/元				
			综合单价	其　中				综合单价	其　中			
				人工费	材料费	机械费	管理费和利润		人工费	材料费	机械费	管理费和利润
1	010515001001	现浇构件钢筋	4787.16	294.75	4327.70	62.42	102.29	5132.29	324.23	4643.35	62.42	102.29
2	011407001001	外墙乳胶漆	44.70	6.57	35.65	—	2.48	45.35	7.22	35.65	—	2.48
3	030411001001	电气配管	8.23	3.56	3.12	—	1.55	8.58	3.91	3.12	—	1.55

造价工程师（签章）：　　发包人代表（签章）：　　　　　造价人员（签章）：　　发包人代表（签章）：

　　　　　　　　　　　　　日期：　　　　　　　　　　　　　　　　　　　　　　日期：

注：综合单价调整应附调整依据。

8. 总价措施项目清单与计价表（表4-36）

表4-36　总价措施项目清单与计价表

工程名称：××中学教学楼工程　　　　　　标段：　　　　　　　　　第1页 共1页

序号	项目编码	项目名称	计算基础	费率（%）	金额/元	调整费率（%）	调整后金额/元	备注
1	011707001001	安全文明施工费	定额人工费	25	209650	25	210990	
2	011707002001	夜间施工增加费	定额人工费	1.5	12479	1.5	12654	
3	011707004001	二次搬运费	定额人工费	1	8386	1	8436	
4	011707005001	冬雨季施工增加费	定额人工费	0.6	5032	0.6	5062	
5	011707007001	已完工程及设备保护费			6000		6000	
		合　计			241547		243142	

编制人（造价人员）：　　　　　　　复核人（造价工程师）：

注：1. "计算基础"中安全文明施工费可为"定额基价"、"定额人工费"或"定额人工费＋定额机械费"，其他项目可为"定额人工费"或"定额人工费＋定额机械费"。

2. 按施工方案计算的措施费，若无"计算基础"和"费率"的数值，也可只填"金额"数值，但应在备注栏说明施工方案出处或计算方法。

9. 其他项目清单与计价汇总表（表4-37）

表4-37 其他项目清单与计价汇总表

工程名称：××中学教学楼工程　　　　　　　标段：　　　　　　　第1页 共1页

序号	项 目 名 称	金额/元	结算金额/元	备 注
1	暂列金额		—	
2	暂估价	200000	198700	
2.1	材料暂估价	—	—	明细详见表4-38
2.2	专业工程暂估价	200000	198700	明细详见表4-39
3	计日工	26528	10690	明细详见表4-40
4	总承包服务费	20760	21000	明细详见表4-41
5	索赔与现场签证		28541	明细详见表4-42
合　计				—

注：材料（工程设备）暂估价进入清单项目综合单价，此处不汇总。

（1）材料（工程设备）暂估单价及调整表（表4-38）

表4-38 材料（工程设备）暂估单价及调整表

工程名称：××中学教学楼工程　　　　　　　标段：　　　　　　　第1页 共1页

序号	材料（工程设备）名称、规格、型号	计量单位	数量		暂估/元		确认/元		差额±/元		备 注
			暂估	确认	单价	合价	单价	合价	单价	合价	
1	钢筋（规格见施工图）	t	200	196	4000	4295	800000	841820	290	41820	用于现浇钢筋混凝土项目
2	低压开关柜（CGD 190380/220V）	t	1	1	45000	44560	45000	44560	-440	-440	用于低压开关柜安装项目
合　计							845000	886380		41380	

注：此表由招标人填写"暂估单价"，并在备注栏说明暂估价的材料、工程设备拟用在那些清单项目上，投标人应将上述材料、工程设备暂估单价计入工程量清单综合单价报价中。

（2）专业工程暂估价及结算价表（表4-39）

表4-39　专业工程暂估价及结算价表

工程名称：××中学教学楼工程　　　　　　标段：　　　　　　　第1页　共1页

序号	工程名称	工程内容	暂估金额/元	结算金额/元	差额±/元	备注
1	消防工程	合同图纸中标明的以及消防工程规范和技术说明中规定的各系统中的设备、管道、阀门、线缆等的供应、安装和调试工作	200000	198700	−1300	
	合　计		200000	198700	−1300	

注：此表"暂估金额"由招标人填写，投标人应将"暂估金额"计入投标总价中，结算时按合同约定结算金额填写。

（3）计日工表（表4-40）

表4-40　计日工表

工程名称：××中学教学楼工程　　　　　　标段：　　　　　　　第1页　共1页

编号	项目名称	单位	暂定数量	实际数量	综合单价/元	合价/元 暂定	合价/元 实际
一	人工						
1	普工	工日	100	40	80	8000	3200
2	机工	工日	60	30	110	6600	3300
	人工小计						6500
二	材料						
1	水泥42.5	t	2	1.5	600	1200	900
2	中砂	m³	10	6	80	800	480
	材料小计						1380
三	施工机械						
1	自升式塔吊起重机	台班	5		550	2750	1650
2	灰浆搅拌机（400L）	台班	2		20	40	20
	施工机械小计						1670
四、企业管理费和利润　按人工费18%计							1170
	总　计						10690

注：此表项目名称、暂定数量由招标人填写，编制招标控制价时，单价由招标人按有关计价规定确定；投标时，单价由投标人自主报价，按暂定数量计算合价计入投标总价中。结算时，按发、承包双方确认的实际数量计算合价。

（4）总承包服务费计价表（表4-41）

表4-41　总承包服务费计价表

工程名称：××中学教学楼工程　　　　　　　标段：　　　　　　　第1页　共1页

序号	项目名称	项目价值/元	服务内容	计算基础	费率（%）	金额/元
1	发包人发包专业工程	198700	1. 按专业工程承包人的要求提供施工工作面并对施工现场进行统一管理，对竣工资料进行统一整理汇总 2. 为专业工程承包人提供垂直运输机械和焊接电源接入点，并承担垂直运输费和电费		7	13909
2	发包人供应材料	886380	对发包人供应的材料进行验收及保管和使用发放		0.8	7091
	合　计	—	—		—	21000

注：此表项目名称、服务内容由招标人填写，编制招标控制价时，费率及金额由招标人按有关计价规定确定；投标时，费率及金额由投标人自主报价，计入投标总价中。

（5）索赔与现场签证计价汇总表（表4-42）

表4-42　索赔与现场签证计价汇总表

工程名称：××中学教学楼工程　　　　　　　标段：　　　　　　　第1页　共1页

序号	签证及索赔项目名称	计量单位	数量	单价/元	合价/元	索赔及签证依据
1	暂停施工				317837	001
2	砌筑花池	座	5	500	2500	002
…	（其他略）					
	本页小计	—	—	—		—
	合　计	—	—	—		—

注：签证及索赔依据是指经双方认可的签证单和索赔依据的编号。

（6）费用索赔申请（核准）表（表4-43）

表4-43 费用索赔申请（核准）表

工程名称：××中学教学楼工程　　　　　　　标段：　　　　　　　　编号：001

致：××中学住宅建设办公室 　　根据施工合同条款第12 条的约定，由于你方工作需要的 原因，我方要求索赔金额（大写） 叁仟壹佰柒拾捌元叁角柒分（小写3178.37），请予核准。 附：1. 费用索赔的详细理由和依据：根据发包人"关于暂停施工的通知"（详见附件1）。 　　2. 索赔金额的计算：详见附件2。 　　3. 证明材料：   　　　　　　　　　　　　　　　　　　　　承包人（章）：（略） 　　　　　　　　　　　　　　　　　　　　承包人代表：　××× 　　　　　　　　　　　　　　　　　　　　日　　　期：××年×月×日

复核意见： 　　根据施工合同条款第12 条的约定，你方提出的费用索赔申请经复核： 　　□ 不同意此项索赔，具体意见见附件。 　　☑ 同意此项索赔，索赔金额的计算，由造价工程师复核。 　　　　　　监理工程师：　××× 　　　　　　日　　期：××年×月×日	复核意见： 　　根据施工合同条款第12 条的约定，你方提出的费用索赔申请经复核，索赔金额为（大写）叁仟壹佰柒拾捌元叁角柒分（小写3178.37）。 　　　　　　监理工程师：　××× 　　　　　　日　　期：××年×月×日

审核意见： 　　□ 不同意此项索赔。 　　☑ 同意此项索赔，与本期进度款同期支付。   　　　　　　　　　　　　　　　　　　　　发包人（章）（略） 　　　　　　　　　　　　　　　　　　　　发包人代表：　××× 　　　　　　　　　　　　　　　　　　　　日　　　期：××年×月×日

　　注：1. 在选择栏中的"□"内做标示"√"。
　　　　2. 本表一式四份，由承包人填报，发包人、监理人、造价咨询人、承包人各存一份。

(7) 现场签证表 (表4-44)

表4-44 现场签证表

工程名称：××中学教学楼工程　　　　　标段：　　　　　　　编号：002

施　工　单　位	学校指定位置	日　　期	××年×月×日

致：××中学住宅建设办公室

　　根据×××2013年8月25日的口头指令，我方要求完成此项工作应支付价款金额为（大写）贰仟伍佰元（小写2500.00），请予核准。

附：1. 签证事由及原因：为迎接新学期的到来，改变校容、校貌，学校新增加5座花池。

　　2. 附图及计算式：（略）

承包人（章）：（略）

承包人代表：　×××

日　　　期：××年×月×日

复核意见： 　　你方提出的此项签证申请经复核： 　　□ 不同意此项签证，具体意见见附件。 　　☑ 同意此项签证，签证金额的计算，由造价工程师复核。 　　　　　监理工程师：　××× 　　　　　日　　　期：××年×月×日	复核意见： 　　☑ 此项签证按承包人中标的计日工单价计算，金额为（大写）贰仟伍佰元，（小写2500.00）。 　　□ 此项签证因无计日工单价，金额为（大写）＿＿元，（小写）＿＿＿＿。 　　　　　造价工程师：　××× 　　　　　日　　　期：××年×月×日

审核意见：

　　□ 不同意此项签证。

　　☑ 同意此项签证，价款与本期进度款同期支付。

承包人（章）（略）

承包人代表：　×××

日　　　期：××年×月×日

注：1. 在选择栏中的"□"内做标示"√"。

　　2. 本表一式四份，由承包人在收到发包人（监理人）的口头或书面通知后填写，发包人、监理人、造价咨询人、承包人各存一份。

10. 规费、税金项目计价表 (表4-45)

表4-45 规费、税金项目计价表

工程名称：××中学教学楼工程　　　　　标段：　　　　　　　第1页　共1页

序　号	项目名称	计算基础	计算基数	计算费率（%）	金额/元
1	规费	定额人工费			240426
1.1	社会保险费	定额人工费	（1）＋…＋（5）		189810
（1）	养老保险费	定额人工费		14	118104
（2）	失业保险费	定额人工费		2	16872
（3）	医疗保险费	定额人工费		6	50616
（4）	工伤保险费	定额人工费		0.25	2109
（5）	生育保险费	定额人工费		0.25	2109
1.2	住房公积金	定额人工费		6	50616
1.3	工程排污费	按工程所在地环境保护部门收取标准，按实计入			

（续）

序　号	项目名称	计算基础	计算基数	计算费率（%）	金额/元
2	税金	分部分项工程费＋措施项目费＋其他项目费＋规费－按规定不计税的工程设备金额		3.41	261735
		合　计			502161

编制人（造价人员）：　　　　　　　　　　复核人（造价工程师）：

11. 工程计量申请（核准）表（表4-46）

表4-46　工程计量申请（核准）表

工程名称：××中学教学楼工程　　　　　　　　标段：　　　　　　　第1页　共1页

序号	项目编码	项目名称	计量单位	承包人申报数量	发包人核实数量	发承包人确认数量	备　注
1	010101003001	挖沟槽土方	m³	1593	1578	1587	
2	010302001001	泥浆护壁成孔灌注桩	m	456	456	456	
3	010503001001	基础梁	m³	210	210	210	
4	010515001001	现浇构件钢筋	t	25	25	25	
5	010401001001	砖基础	m³	245	245	245	
	（略）						

承包人代表：　　　　　　监理工程师：　　　　　　造价工程师：　　　　　　发包人代表：

　　　　××× 　　　　　　　　×××　　　　　　　　×××　　　　　　　　×××

日　期：××年×月×日　　日　期：××年×月×日　　日　期：××年×月×日　　日　期：××年×月×日

12. 预付款支付申请（核准）表（表4-47）

表4-47　预付款支付申请（核准）表

工程名称：××中学教学楼工程　　　　　　　　标段：　　　　　　　第1页　共1页

致：　××中学

　　我方根据施工合同的约定，先申请支付工程预付款额为（大写）玖拾贰万叁仟壹拾捌元（小写923018.00），请予核准。

序　号	名　　称	申请金额/元	复核金额/元	备　注
1	已签约合同价款金额	7972282	7972282	
2	其中：安全文明施工费	209650	209650	
3	应支付的预付款	797228	776263	
4	应支付的安全文明施工费	125790	125790	
5	合计应支付的预付款	923018	902053	

计算依据见附件

　　　　　　　　　　　　　　　　　　　　　　　　　承包人（章）

　造价人员：　×××　　　　承包人代表：　×××　　　日　　期：××年×月×日

（续）

复核意见： 　□ 与合同约定不相符，修改意见见附件。 　☑ 与合约约定相符，具体金额由造价工程师复核。 　　　　监理工程师：　××× 　　　　日　　　期：××年×月×日	复核意见： 　　你方提出的支付申请经复核，应支付预付款金额为 （大写）玖拾万贰仟伍拾叁元（小写902053）。 　　　　造价工程师：　××× 　　　　日　　　期：××年×月×日

审核意见：
　□ 不同意。
　☑ 同意，支付时间为本表签发后的15天内。

　　　　　　　　　　　　　　　　　　　发包人（章）
　　　　　　　　　　　　　　　　　　　发包人代表：　×××
　　　　　　　　　　　　　　　　　　　日　　　期：××年×月×日

注：1. 在选择栏中的"□"内做标示"√"。

　　2. 本表一式四份，由承包人填报，发包人、监理人、造价咨询人、承包人各存一份。

13. 总价项目进度款支付分解表（表4-48）

表4-48　总价项目进度款支付分解表

工程名称：××中学教学楼工程　　　　　　　　标段：　　　　　　　　第1页　共1页

序号	项目名称	总价金额	首次支付	二次支付	三次支付	四次支付	五次支付	
	安全文明施工费	209650	62895	62895	41930	41930		
	夜间施工增加费	12479	2496	2496	2496	2496	2495	
	二次搬运费	8386	1677	1677	1677	1677	1678	
	略							
	社会保险费	188685	37737	37737	37737	37737	37737	
	住房公积金	50316	10063	10063	10063	10063	10064	
	合　计							

编制人（造价人员）：　　　　　　　　　　　复核人（造价工程师）：

注：1. 本表应由承包人在投标报价时根据发包人在招标文件明确的进度款支付周期与报价填写，签订合同时，发、
　　　承包双方可就支付分解协商调整后作为合同附件。

　　2. 单价合同使用本表，"支付"栏时间应与单价项目进度款支付周期相同。

　　3. 总价合同使用本表，"支付"栏时间应与约定的工程计量周期相同。

14. 进度款支付申请（核准）表（表4-49）

表4-49　进度款支付申请（核准）表

工程名称：××中学教学楼工程　　　　　　　　　标段：　　　　　　　　编号：

致：　××中学

　　我方于××至××期间已完成了±0～二层楼工作，根据施工合同的约定，现申请支付本期的工程款额为（大写）壹佰壹拾壹万柒仟玖佰壹拾玖元壹角肆分（小写1117919.14），请予核准。

序　号	名　　　称	申请金额/元	复核金额/元	备　注
1	累计已完成的合同价款	1233189.37	—	1233189.37
2	累计已实际支付的合同价款	1109870.43	—	1109870.43
3	本周期合计完成的合同价款	1576893.50	1419204.14	1576893.50
3.1	本周期已完成单价项目的金额	1484047.80		
3.2	本周期应支付的总价项目的金额	14230.00		
3.3	本周期已完成的计日工价款	4631.70		
3.4	本周期应支付的安全文明施工费	62895.00		
3.5	本周期应增加的合同价款	11089.00		
4	本周期合计应扣减的金额	301285.00	301285.00	301897.14
4.1	本周期应抵扣的预付款	301285.00		301285.00
4.2	本周期应扣减的金额	0		612.14
5	本周期应支付的合同价款	1475608.50	1117919.14	1117307.00

附：上述3、4详见附件清单。

造价人员：_____××× _____　承包人代表：_____××× _____

承包人（章）

日　　期：××年×月×日

复核意见： 　□与实际施工情况不相符，修改意见见附件。 　☑与实际施工情况相符，具体金额由造价工程师复核。 　　　监理工程师：_____××× _____ 　　　日　　期：××年×月×日	复核意见： 　　你方提供的支付申请经复核，本期间已完成工程款额为（大写）壹佰伍拾柒万陆仟捌佰玖拾叁元伍角（小写1576893.50），本期间应支付金额为（大写）壹佰壹拾壹万柒仟叁佰零柒元（小写1117307.00）。 　　　造价工程师：_____××× _____ 　　　日　　期：××年×月×日

审核意见：
　□不同意。
　☑同意，支付时间为本表签发后的15天内。

发包人（章）

发包人代表：_____××× _____

日　　期：××年×月×日

注：1. 在选择栏中的"□"内做标示"√"。
　　2. 本表一式四份，由承包人填报，发包人、监理人、造价咨询人、承包人各存一份。

15. 竣工结算款支付申请（核准）表（表4-50）

表 4-50　竣工结算款支付申请（核准）表

工程名称：××中学教学楼工程　　　　　　标段：　　　　　　编号：

致：　××中学

　　我于××至××期间已完成合同约定的工作，工程已经完工，根据施工合同的约定，现申请支付竣工结算合同款额为（大写）柒拾捌万叁仟贰佰陆拾伍元零捌分（小写783265.08），请予核准。

序　号	名　称	申请金额/元	复核金额/元	备　注
1	竣工结算合同价款总额	7937251.00	7937251.00	
2	累计已实际支付的合同价款	6757123.37	6757123.73	
3	应预留的质量保证金	396862.55	396861.55	
4	应支付的竣工结算款金额	783265.08	783265.08	

造价人员：＿＿××＿＿　　承包人代表：＿＿××＿＿

承包人（章）

日　　期：××年×月×日

复核意见： □ 与实际施工情况不相符，修改意见见附件。 ☑ 与实际施工情况相符，具体金额由造价工程师复核。	复核意见： 　　你方提出的竣工结算款支付申请经复核，竣工结算款总额为（大写）柒佰玖拾叁万柒仟贰佰伍拾壹元（小写7937251.00），扣除前期支付以及质量保证金后应支付金额为（大写）柒拾捌万叁仟贰佰陆拾伍元零捌分（小写783265.08）。
监理工程师：＿＿××＿＿ 日　　期：××年×月×日	造价工程师：＿＿××＿＿ 日　　期：××年×月×日

审核意见：

□ 不同意。

☑ 同意，支付时间为本表签发后的15天内。

发包人（章）

发包人代表：＿＿××＿＿

日　　期：××年×月×日

注：1. 在选择栏中的"□"内做标示"√"。

　　2. 本表一式四份，由承包人填报，发包人、监理人、造价咨询人、承包人各存一份。

16. 最终结清支付申请（核准）表（表4-51）

表4-51　最终结清支付申请（核准）表

工程名称：××中学教学楼工程　　　　　标段：　　　　　编号：

致：　××中学

　　我方于××至××期间已完成了缺陷修复工作，根据施工合同的约定，现申请支付最终结清合同款额为（大写）叁拾玖万陆仟陆佰贰拾捌元伍角伍分（小写396628.55），请予核准。

序号	名　称	申请金额/元	复核金额/元	备注
1	已预留的质量保证金	396862.55	396862.55	
2	应增加因发包人原因造成缺陷的修复金额	0	0	
3	应扣减承包人不修复缺陷、发包人组织修复的金额	0	0	
4	最终应支付的合同价款	396862.55	396862.55	

承包人（章）

造价人员：　×××　　　承包人代表：　×××　　　日　期：××年×月×日

复核意见： □ 与实际施工情况不相符，修改意见见附件。 ☑ 与实际施工情况相符，具体金额由造价工程师复核。	复核意见： 　你方提出的支付申请经复核，最终应支付金额为（大写）叁拾玖万陆仟陆佰贰拾捌元伍角伍分（小写396628.55）。
监理工程师：　××× 日　期：××年×月×日	造价工程师：　××× 日　期：××年×月×日

审核意见：
　□ 不同意。
　☑ 同意，支付时间为本表签发后的15天内。

发包人（章）
发包人代表：　×××
日　期：××年×月×日

注：1. 在选择栏中的"□"内做标示"√"。

　　2. 本表一式四份，由承包人填报，发包人、监理人、造价咨询人、承包人各存一份。

17. 承包人提供主要材料和工程设备一览表（表 4-52）

表 4-52 承包人提供主要材料和工程设备一览表

（适用于价格指数差额调整法）

工程名称：××中学教学楼工程　　　　　　标段：　　　　　　第 1 页　共 1 页

序 号	名称、规格、型号	变值权重 B	基本价格指数 F_0	现行价格指数 F_t	备 注
1	人工费	0.18	110%	121%	
2	钢材	0.11	4000 元/t	4320 元/t	
3	预拌混凝土 C30	0.16	340 元/m³	357 元/m³	
4	页岩砖	0.15	300 元/千匹	318 元/千匹	
5	机械费	0.08	100%	100%	
	定值权重 A	0.42	—	—	
	合 计	1	—	—	

注：1. "名称、规格、型号"、"基本价格指数"栏由招标人填写，基本价格指数应首先采用工程造价管理机构发布的价格指数，没有时，可采用发布的价格代替。如人工、机械费也采用本法调整由招标人在"名称"栏填写。

2. "变值权重"栏由投标人根据该项人工、机械费和材料、工程设备值在投标总报价中所占的比例填写，1 减去其比例为定值权重。

3. "现行价格指数"按约定的付款证书相关周期最后一天的前 42 天的各项价格指数填写，该指数应首先采用工程造价管理机构发布的价格指数，没有时，可采用发布的价格代替。

附件1

关于暂停施工的通知

××建筑公司××项目部：

因我校教学工作安排，经校办公会研究，决定于××年×月×日下午，你项目部承建的我校教学工程暂停施工半天。

特此通知。

××中学

办公室（章）

××年×月×日

附件2

索赔费用计算表

一、人工费

1. 普工 15 人：15 人 ×70/工日 ×0.5 =525 元

2. 技工 35 人：35 人 ×100/工日 ×0.5 =1750 元

小计：2275 元

二、机械费

1. 自升式塔式起重机 1 台：1 ×526.20/台班 ×0.5 ×0.6 =157.86 元

2. 灰浆搅拌机 1 台：1 ×18.38/台班 ×0.5 ×0.6 =5.51 元

3. 其他各种机械（台套数量及具体费用计算略）：50 元

小计：213.37 元

三、周转材料

1. 脚手脚钢管：25000m ×0.012/天 ×0.5 =150 元

2. 脚手脚扣件：17000 个 ×0.01/天 ×0.5 =85 元

小计：235 元

四、管理费

2275 ×20% =455.00 元

索赔费用合计：3178.37 元

××建筑公司××中学项目部

××年×月×日

参 考 文 献

［1］中华人民共和国住房和城乡建设部，中华人民共和国国家质量监督检验检疫总局．GB 50500—2013 建筑工程工程量清单计价规范［S］．北京：中国计划出版社，2013.

［2］中华人民共和国住房和城乡建设部，中华人民共和国国家质量监督检验检疫总局．GB 50854—2013 房屋建筑与装饰工程工程量计算规范［S］．北京：中国计划出版社，2013.

［3］中华人民共和国住房和城乡建设部．GB 50353—2013 建设工程建筑面积计算规范［S］．北京：中国计划出版社，2013.

［4］李传让．建筑工程量速算手册［M］．北京：清华大学出版社，2011.

［5］郝增锁，郝晓明．建筑工程量快速计算新方法［M］．上海：上海科学技术出版社，2009.

［6］王彬，周丽丽．建筑工程工程量计算手册［M］．南京：江苏人民出版社，2011.

［7］魏丽梅，王全杰．建筑工程量计算实训教程［M］．重庆：重庆大学出版社，2012.

［8］邵正荣．建筑工程量清单计量与计价［M］．郑州：黄河水利出版社，2010.